普通高等教育“十三五”规划教材（计算机专业群）

MATLAB 程序设计实验指导与综合训练

王永国　鲍中奎　吴　涛　编　著

中国水利水电出版社
www.waterpub.com.cn
·北京·

内 容 提 要

本书总结了课程教学和实验指导经验，考虑到操作界面的差异性、版本的易用性、发展的趋势性，以 Windows 7 与 MATLAB R2014a 中（英）文版为编写基础，全书由实验指导、综合案例与综合训练三部分构成。为方便使用，在实验内容与要求前增加了回顾与演练知识，而精选的大学数学计算工具的设计与实现、数学建模实例具有广泛的代表性，可以满足绝大多数专业的学习需要。

本书条理清楚、实例丰富、通俗易懂、实用性强，有助于读者理解、巩固所学的知识和技能，检验学习效果。不仅可与《MATLAB 程序设计》教材配套使用，也可供数学、电子、通信、自动控制等专业的学生或各类工程技术人员学习参考。

图书在版编目（CIP）数据

MATLAB程序设计实验指导与综合训练 / 王永国，鲍中奎，吴涛编著. -- 北京 : 中国水利水电出版社，2017.8（2022.8 重印）
普通高等教育“十三五”规划教材. 计算机专业群
ISBN 978-7-5170-5642-3

Ⅰ. ①M… Ⅱ. ①王… ②鲍… ③吴… Ⅲ. ①Matlab软件－程序设计－高等学校－教材 Ⅳ. ①TP317

中国版本图书馆CIP数据核字(2017)第176083号

策划编辑：石永峰　责任编辑：周益丹　加工编辑：赵佳琦　封面设计：李　佳

书　名	普通高等教育“十三五”规划教材（计算机专业群） MATLAB 程序设计实验指导与综合训练　MATLAB CHENGXU SHEJI SHIYAN ZHIDAO YU ZONGHE XUNLIAN
作　者	王永国　鲍中奎　吴　涛　编　著
出版发行	中国水利水电出版社 （北京市海淀区玉渊潭南路 1 号 D 座　100038） 网址：www.waterpub.com.cn E-mail：mchannel@263.net（万水） sales@mwr.gov.cn 电话：（010）68545888（营销中心）、82562819（万水）
经　售	北京科水图书销售有限公司 电话：（010）68545874、63202643 全国各地新华书店和相关出版物销售网点
排　版	北京万水电子信息有限公司
印　刷	三河市德贤弘印务有限公司
规　格	184mm×260mm　16 开本　8 印张　198 千字
版　次	2017 年 8 月第 1 版　2022 年 8 月第 2 次印刷
印　数	3001—4000 册
定　价	18.00 元

前　言

“MATLAB 程序设计”是一门实践性很强的基础课程，通过上机实验，可以使学生掌握 MATLAB 语言的编程基础与技巧，为后续“数学建模”“数值分析与计算”等课程及毕业设计等环节的学习奠定基础。

考虑到操作界面的差异性、版本的易用性与发展的趋势性，本实验教程以 Windows 7、MATLAB 2014a、MS Office 2010 为背景，按照《MATLAB 程序设计》教学大纲和实验大纲对学生实验能力培养的要求，并结合编者近几年从事该课程教学和实验指导的经验而编写，是《MATLAB 程序设计》的配套辅导用书。全书由实验指导、综合案例与综合训练三部分构成，其中第一部分为 MATLAB 基础实验，不涉及专业工具箱，带*号的实验可以根据课时与学生基础选做；第二部分案例 1 根据我院 2013 届信息与计算科学专业曾晓兰同学的毕业论文删改而成；案例 2 取自我院国际和国内数学建模参赛作品各一件，供学生开发、检测参考及尽早了解参赛情况；第三部分提供笔试试卷三套，便于学生自测。附录中还收录了实验报告模板、常用网址及参考文献。

本书配套有《MATLAB 程序设计》教学包软件，其中包含教学与实验大纲、教学课件、实验指导、综合案例、综合训练、无纸化测试系统及相关资源。

需要本书软件、实训部分参考答案可与中国水利水电出版社万水分社联系或向作者索取，E-Mail：ygwang21@163.com。

由于作者水平有限，错误在所难免，恳请读者批评指正！

编　者

2017 年 5 月

目　　录

第一部分　实验指导

实验 1　MATLAB 工作环境

一、实验目的

1．熟悉 MATLAB 的工作环境。
2．掌握 MATLAB 中 5 个工作窗口的使用。
3．了解 MATLAB 的优先搜索顺序。
4．学习查找帮助信息。
5．通过 MATLAB 的演示程序了解 MATLAB 的基本功能。

二、实验平台

Windows 7、MATLAB 2014a（8.3）、Office 2010 软件。

三、回顾与演练

1．熟悉 MATLAB 的 5 个基本窗口
启动 MATLAB，如图 1.1.1 所示。

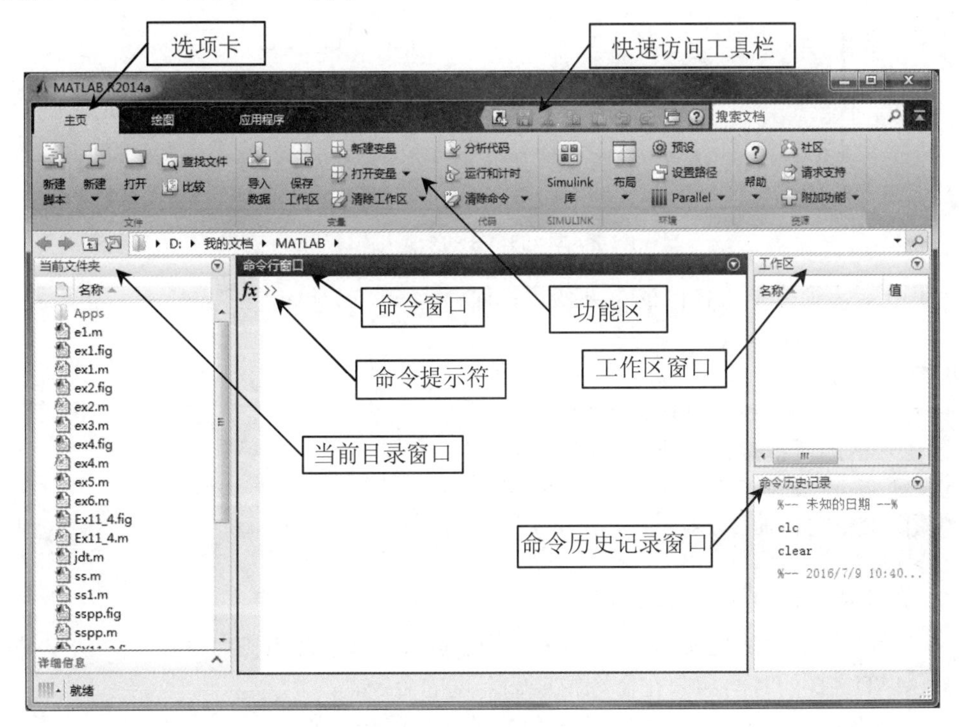

图 1.1.1　MATLAB 的窗口

注意：单击各窗口标题栏右边的，在打开的下拉菜单中选择取消停靠项，将其从MATLAB 主界面中分离出来。

（1）命令窗口（Command Window）

在命令窗口中依次输入以下命令：

```
>>x=1
x =
      1
>>y=[1 2 3
      4 5 6
      7 8 9];
>>z1=[1:10],z2=[1:2:5];
>>x1=0:0.1:6*pi;
>>y1=5*sin(x1);
>>plot(x1,y1)
```

（2）工作区窗口（Workspace）

1）在工作区查看各个变量，或在命令窗口用 who、whos（注意大小写）查看各个变量。

2）在工作区双击变量，弹出变量编辑窗口，即可修改变量，如图 1.1.2 所示。

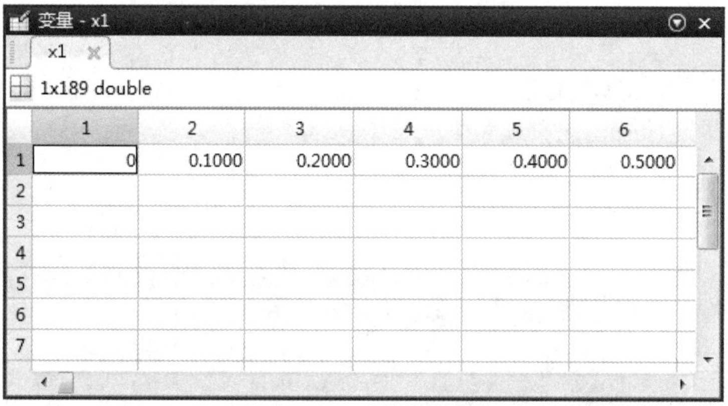

图 1.1.2　MATLAB 的变量编辑窗口

3）使用 save 命令把工作区的全部变量都保存为 my_var.mat 文件。

```
>>save my_var.mat
```

4）输入下列命令：

```
>>clear all    %清除工作区的所有变量
```

观察工作区的变量是否被清空。使用 load 命令把刚才保存的变量载入工作区。

```
>>load my_var.mat
```

5）清除命令窗口命令

```
>>clc
```

（3）历史命令窗口（Command History）

单击“布局”→“历史命令记录”→“已停靠”可以打开历史命令窗口，从中可以看到每次运行 MATLAB 的时间和曾在命令窗口输入过的命令。

练习以下几种利用历史命令窗口重复执行输入过的命令的方法：

1）在历史命令窗口中选中要重复执行的一行或几行命令，右击，出现快捷菜单，选择“复制（Copy）”，然后再“粘贴（Paste）”到命令窗口。

2）在历史命令窗口中双击要执行的一行命令，或者选中要重复执行的一行或几行命令，之后将其拖动到命令窗口中执行。

3）在历史命令窗口中选中要重复执行的一行或几行命令，右击，出现快捷菜单，选择“执行所选内容（Evaluate Selection）”。

4）或者在命令窗口中使用方向键的上下键得到以前输入的命令。例如，按方向键“↑”一次，就重新将用户最后一次输入的命令调到 MATLAB 提示符下。重复地按方向键“↑”，就会在每次按下的时候调用再往前一次输入的命令。类似地，按方向键“↓”的时候，就往后调用一次输入的命令。按方向键“←”或者方向键“→”就会在提示符的命令中左右移动光标，这样用户就可以用类似于在字处理软件中编辑文本的方法编辑这些命令。

（4）当前目录命令窗口（Current Directory）

MATLAB 的当前目录即是系统默认实施打开、装载、编辑和保存文件等操作时的文件夹。打开当前目录窗口后，可以看到用 save 命令所保存的 my_var.mat 文件是保存在目录 C:\我的文档\MATLAB 下。

（5）帮助窗口（Help Window）

单击快速访问工具栏或“主页”功能区中的?图标，也可单击“主页”功能区中帮助，选择其中的“文档　F1”项或按 F1 键都能启动并打开帮助窗口，如图 1.1.3 所示。

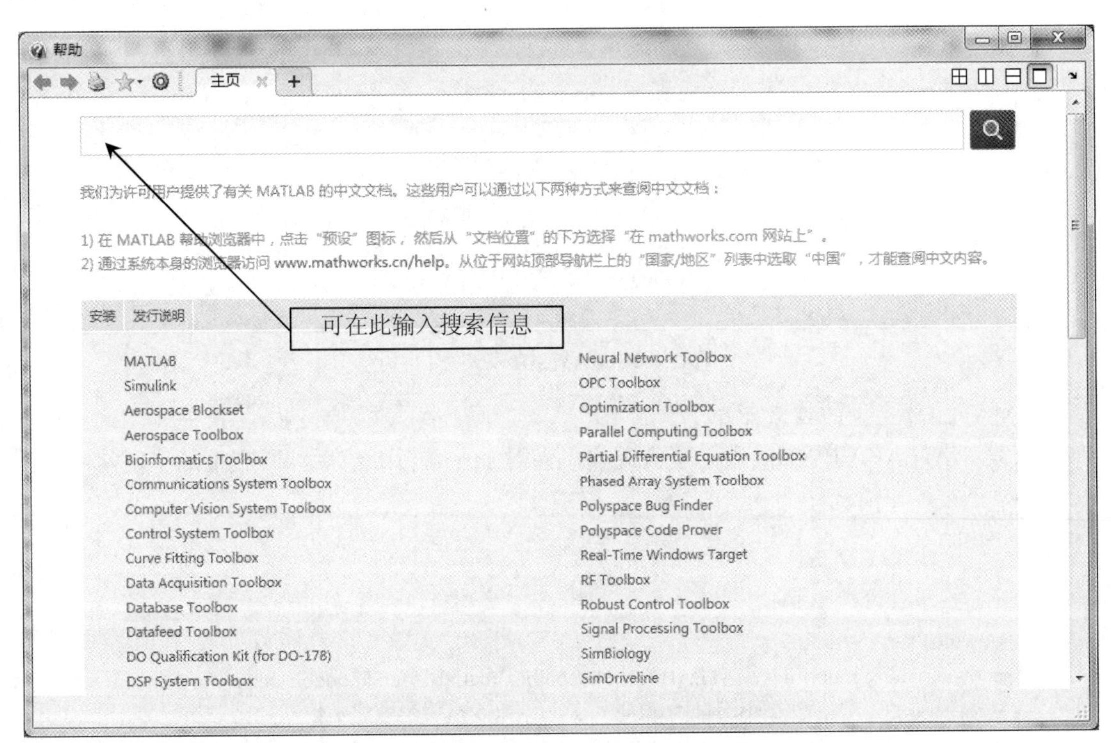

图 1.1.3　MATLAB 帮助窗口

当然也可在命令窗口中直接输入“help 关键词”以寻求帮助，如输入：

```
>>help sqrt      %了解函数 sqrt 的相关信息
```

```
>>help abs    %查看函数 abs 的用法及用途
>>abs(3+4i)
```

如要完成某一具体操作，但不知有何命令或函数可以完成，可在命令窗口中输入“lookfor 关键词”，MATLAB 会输出所有与此相关的函数。

```
>>lookfor line   %查找与直线、线性问题有关的函数
```

2. MATLAB 的演示程序

运行 MATLAB 的演示程序 demo，进入图 1.1.4 所示的界面，选择其中的视频（需要联网），以便对 MATLAB 有一个总体了解。

```
>>demo
```

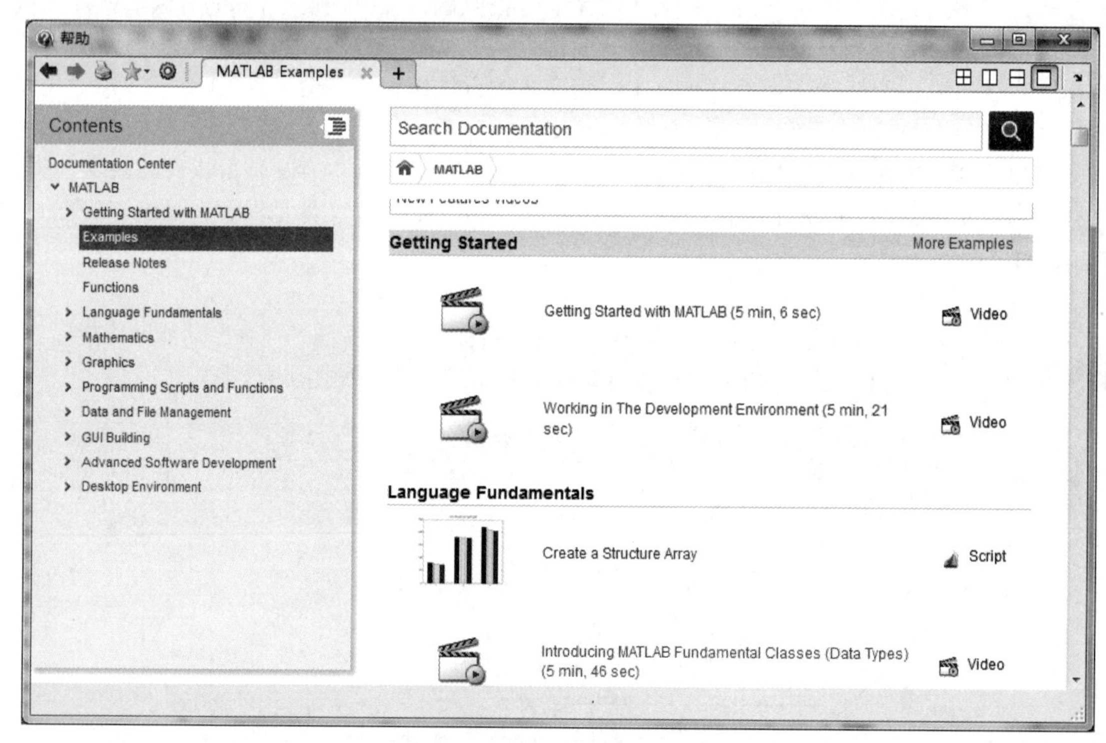

图 1.1.4　MATLAB 示例窗口

3. MATLAB 变量的搜索顺序

sqrt 是 MATLAB 的内部函数。下面观察，当对 sqrt 重新赋值后，所产生的不正常现象。

（1）正常运作情况

```
>>sqrt(2)
ans=
1.4142
>>which sqrt
built-in (C:\Program Files\MATLAB\R2014a\toolbox\matlab\elfun\@double\sqrt)   % double method.
>>exist sqrt    %当用 exist 判断 sqrt 时，显示结果 5 指明是内建函数
ans=
5
```

（2）不正常运作情况

```
>>sqrt=[1,0]    %把 sqrt 赋值成一个有两个元素的行向量
```

```
sqrt=
10
>>sqrt(2)        %这时该命令给出结果是 0，而不是正常的平方根值 1.4142
ans=
0
>>which sqrt     %当用 which 检查 sqrt 在哪里时，显示的却是“内存变量”
sqrt is a variable.
>>exist sqrt     %当用 exist 判断 sqrt 时，显示结果 1 指明是变量
ans=
1
```

四、内容与要求

1. 在命令窗口输入以下几行命令：

```
a=[2 3 4;5 6 7;7 8 9];
b=[1,1,1;2,2,2;3,3,3]
c='计算';
d=a'
e=a*b;
```

1）观测上述命令执行情况，然后打开工作空间浏览器窗口查看其中的变量；

2）双击工作空间浏览器窗口中的变量 e，在出现的数组编辑器窗口中，查看该变量的值并对其进行修改操作；

3）打开历史命令窗口，选择上面执行的五行命令，并将此保存为一个.m 文件。

2. 在 C 盘中以自己的学号建立文件夹，再将该文件夹添加到 MATLAB 搜索路径下，然后试验用 path 命令能否查到自己的工作目录。

3. 利用 MATLAB 的帮助功能分别查询 sin、exp、randn、pi 等函数或系统变量的功能及用法。

4. 完成下列操作：

1）在 MATLAB 命令窗口输入以下命令：

```
x=0:pi/10:2*pi;
y=sin(x);
```

2）在工作空间窗口选择变量 y，单击“绘图”选项卡下的命令按钮，分析图形的含义。

5. 通过 MATLAB 的演示系统 demo，总结并体会 MATLAB 的主要优点。

6. 访问 MATLAB 公司主页，了解有关 MATLAB 的最新版本信息。

思考题

1. 如何启动和退出 MATLAB 集成工作环境？

2. 试说明分号、逗号、冒号的用法。

3. 在 MATLAB 环境下已有 var 变量，同时在当前目录下已经存有 var.m 文件，如果在>>下执行 var，得到的是哪个结果？如要得到 var.m 运行结果，应该如何处理？

实验 2　MATLAB 语言基础

一、实验目的

1．掌握内存变量的建立、保存与恢复。
2．掌握向量与矩阵的创建和基本操作。
3．熟悉常用的数学函数。

二、回顾与演练

1．基本操作
（1）命令行的编辑
1）若要计算 $y_1=\dfrac{2\sin(0.3\pi)}{1+\sqrt{2}}$ 的值，那么依次键入以下字符后回车：

```
>>y1=2*sin(0.3*pi)/(1+sqrt(2))
y1=
   0.6702
```

以上操作结束后，操作命令和计算结果都记录在 MATLAB 工作空间中。假如用户希望调回前面输入的命令重新运行，或希望对前面输入的命令加以修改后再运行，只要反复按动键盘上的方向键，就可从内存中把以前输入的命令调回到当前行，以供再次运行或修改后运行。

2）利用命令回调，进行新的计算。

若又想计算 $y_2=\dfrac{2\cos(0.3\pi)}{1+\sqrt{2}}$，用户当然可以像前一个算例那样，通过键盘把相应字符一个一个敲入。也可以先用↑键调回已输入过的命令 y1=2*sin(0.3*pi)/(1+sqrt(2))；然后移动光标，把 y1 改成 y2；最后把 sin 改成 cos 即得：

```
>>y2=2*cos(0.3*pi)/(1+sqrt(2))
y2=
   0.4869
```

3）利用 class 命令判断变量类别并体会预定义变量。

```
>>class(y1)
ans =
   double
```

4）命令的续行输入。

```
>> S=1-1/2+1/3-1/4+...
1/5-1/6+1/7      %用三个连续黑点表示续行

S =
   0.7595
```

5）对大小写敏感。

```
>> X=1,x=-5
X =
```

```
        1
x =
       -5
```

（2）内存变量的查阅和删除：命令 **who**、**whos** 和 **clear**

在命令窗口中运行以下命令，就可看到内存变量。

```
>>who
```

若再键入 whos

```
>>whos
>>clear      %清除内存中的全部变量
>>who        %检查内存中有什么变量
```

（3）变量的文件保存：**save** 和 **load** 命令

1）建立用户目录，并使之成为当前目录，保存数据。

```
>>mkdir('c:\','my_dir');       %在 C 盘上创建目录 my_dir
>>cd c:\my_dir                 %使 c:\my_dir 成为当前目录
>>X=1
>>Y=[1 3 5;4 7 -3]
>>Z=1:3:10
>>save saf X Y Z               %选择内存中的 X,Y,Z 变量保存为 saf.mat 文件
>>dir                          %显示目录上的文件
saf.mat
```

2）清空内存，从 saf.mat 向内存装载变量 Z。

```
>>clear          %清除内存中的全部变量
>>load saf Z     %把 saf.mat 文件中的 Z 变量装入内存
>>who            %检查内存中有什么变量
Your variables are:
Z
```

（4）format compact 命令的使用

```
>> x=1

x =

     1

>> format compact
>> x=1
x =
     1
```

2. 向量的生成和运算

（1）向量的生成

1）直接输入法

```
>>A=[2,3,4,5,6]      %生成行向量
>>B=[1;2;3;4;5]      %生成列向量
>>size(A)            %向量的大小
```

2）冒号表达式法

```
>>A=1:2:10,B=1:10,C=10:-1:1
```

3）函数法

linspace()是线性等分函数，logspace()是对数等分函数。

```
>>A=linspace(1,10),B=linspace(1,30,10)
>>A=logspace(0,4,5)
```

（2）向量的运算

1）维数相同的行向量之间可以相加减，维数相同的列向量也可相加减，标量可以与向量直接相乘除。

```
>>A=[1 2 3 4 5],B=3:7,
>>AT=A',BT=B',              %向量的转置运算
>>E1=A+B,E2=A-B             %行向量相加减
>>F=AT-BT,                  %列向量相减
>>G1=3*A,G2=B/3,            %向量与标量相乘除
```

2）向量的点积与叉积运算。

```
>>A=ones(1,10);B=(1:10); BT=B';
>>E1=dot(A,B)
>>E2=A*BT                   %注意 E1 与 E2 的结果是否一样
>>clear
>>A=1:3,B=3:5,
>>E=cross(A,B)
```

3. 矩阵的创建与引用

矩阵是由m×n个元素构成的矩形结构，行向量和列向量是矩阵的特殊形式。

1）直接输入法

```
>>A=[1 2 3;4 5 6]
>>B=[1,4,7
   2 5 8
   3 6 9]
>> A(1)                     %矩阵的引用
>>A(4:end)                  %用 end 表示某一维数中的最大值
>>B(:,1)
>>B(:)
>>B(5)                      %单下标引用
```

2）抽取法

```
>>clear
>>A=[1 2 3 4;5 6 7 8;9 10 11 12;13 14 15 16]
>>B=A(1:3,2:3)              %取A矩阵行数为1～3，列数为2、3的元素构成子矩阵
>>C=A([1 3],[2 4])          %取A矩阵行数为1、3，列数为2、4的元素构成子矩阵
>>D=A([1 3;2 4])            %单下标抽取，注意其结果和前一句有什么不同
```

3）函数法

```
>>clear
>>A=ones(3,4)
>>B=zeros(3)
>>C=eye(3,2)
>>D=magic(3)
```

4）拼接法

```
>>clear
>>A=ones(3,4)
>>B=zeros(3)
>>C=eye(4)
>>D=[A B]
>>F=[A;C]
```

5）拼接函数和变形函数法

```
>>clear
>>A=[0 1;1 1]
>>B=2*ones(2)
>>cat(1,A,B,A)
>>cat(2,A,B,A)
>>repmat(A,2,2)
>>repmat(A,2)
```

三、内容与要求

1. 求下列表达式的值，并保存全部变量到 dat.mat 文件。

1）$z1=\dfrac{e^{0.3a}-e^{0.2a}}{2}\times\sin(a+0.3)+\ln(\dfrac{a+0.3}{2})$，$a=-3.0,-2.9,-2.8,\cdots,2.8,2.9,3.0$

提示：利用冒号表达式生成 a 向量，求各点的函数值时用点乘运算。

*2）$z2=\begin{cases} t^2 & 0\leqslant t<1 \\ t^2-1 & 1\leqslant t<2 \\ t^2+2t-1 & 2\leqslant t<3 \end{cases}$，其中 t=0:0.5:2.5

提示：用逻辑表达式求分段函数值。

2. 求以下变量的值，并在 MATLAB 中验证。

1）a = 1:2:5；

2）b = [a'　a'　a']；

3）c = a + b (2,:)；

4）使用 logspace()创建 1～4π 的有 10 个元素的行向量。

3. 写出执行以下代码后 C、D、E 的值，并在 MATLAB 中验证。

```
A=eye(3,3);
B=[A;[4,5,6]];
C=B'
D=B(1:3,:)
E=B([1 4 6 8])
```

*4. 完成下列操作：

1）求[100,999]之间能被 21 整除的数的个数。

提示：先利用冒号表达式，再利用 find 和 length 函数。

2）建立一个字符串向量，删除其中的大写字母。

提示：利用 find 函数和空矩阵。

*5．使用函数法、拼接法、拼接函数法和变形函数法，按照要求创建以下矩阵：A为3×4的全1矩阵；B为3×3的0矩阵；C为3×3的单位阵；D为3×3的魔方阵；E由C和D纵向拼接而成；F抽取E的2～5行元素生成；G由F经变形为3×4的矩阵而得。

思考题

1．变量名需要遵守什么规则，是否区分大小写？
2．以下变量名是否合法？为什么？
x2、3col、_row、for
3．who和whos有何区别？

实验3 MATLAB数值运算

一、实验目的

1．掌握矩阵的常用运算。
2．能够区分数组运算和矩阵运算。
3．掌握多项式的常用运算。

二、回顾与演练

1．矩阵的运算
（1）矩阵加减、数乘与乘法

已知矩阵 $\boldsymbol{A}=\begin{bmatrix}1 & 2\\ 3 & -1\end{bmatrix}$，$\boldsymbol{B}=\begin{bmatrix}-1 & 0\\ 1 & 2\end{bmatrix}$，

求 $\boldsymbol{A}+\boldsymbol{B}$，$2\boldsymbol{A}$，$2\boldsymbol{A}-3\boldsymbol{B}$，$\boldsymbol{AB}$。

```
>>A=[1 2;3 -1],B=[-1 0;1 2]
>>A+B,2*A,2*A-3*B,A*B
```

（2）矩阵的逆矩阵

```
>>format rat;A=[1 0 1;2 1 2;0 4 6]
>>A1=inv(A)
>>A*A1
```

（3）矩阵的除法

```
>>a=[1 2 1;3 1 4;2 2 1],b=[1 1 2],d=b'
>>c1= b*inv(a), c2= b/a      %右除
>>c3=inv(a)*d , c4= a\d      %左除
```

观察结果c1是否等于c2，c3是否等于c4？

如何去记忆左除和右除？斜杠向左边倾斜就是左除，向右边倾斜就是右除。左除就是用左边的数或矩阵作分母，右除就是用右边的数或矩阵作分母。

2. 多维数组的创建及运算

（1）多维数组的创建

```
>> A1=[1,2,3;4 5 6;7,8,9];A2=reshape([10:18],3,3)
>>T1(:,:,1)=ones(3);T1(:,:,2)=zeros(3)          %下标赋值法
>>T2=ones(3,3,2)                                %工具阵函数法
>>T3=cat(3,A1,A2),T4= repmat(A1,[1,1,2])        %拼接和变形函数法
```

（2）多维数组的运算

数组运算用小圆点加在运算符的前面来表示，以区分矩阵的运算。特点是两个数组相对应的元素进行运算。

```
>> A=[1:6];B=ones(1,6);
>> C1=A+B,C2=A-B
>> C3=A.*B,C4=B./A,C5=A.\B
```

关系运算或逻辑运算的结果都是逻辑值。

```
>> I=A>3,C6=A(I)
>>A1=A-3,I2=A1&A   %由I2的结果可知，非逻辑型进行逻辑运算时，非零为真，零为假
>> I3=~I
```

3. 多项式运算

（1）多项式表示。在 MATLAB 中，多项式表示成向量的形式。

如：$s^4+3s^3-5s^2+9$ 在 MATLAB 中表示为

```
>>S=[ 1   3   -5   0   9]
```

（2）多项式的加减法相当于向量的加减法，但需注意阶次要相同。如不同，低阶的要补0。如：多项式 $2s^2+3s+11$ 与多项式 $s^4+3s^3-5s^2+4s+7$ 相加。

```
>>S1=[0   0   2   3   11 ]
>>S2=[1   3   -5   4   7 ]
>>S3=S1+S2
```

（3）多项式的乘、除法分别用函数 conv 和 deconv 实现。

```
>>S1=[ 2   3   11 ]
>>S2=[1   3   -5   4   7 ]
>>S3=conv(S1,S2)
>>S4=deconv(S3,S1)
```

（4）多项式求根用函数 roots 实现。

```
>> S1=[ 2   4   2 ]
>> roots(S1)
```

（5）多项式求值用函数 polyval 实现。

```
>> S1=[ 2   4   1   -3 ]
>> polyval(S1,3)       %计算x=3时多项式的值
>> x=1:10
>> y=polyval(S1,x)     %计算x向量对应的值，从而得到y向量
```

（6）多项式求导用函数 polyder 实现。

```
>>p=[5 0 3 1 2];
>>DP=polyder(p)             %求一阶导数
>>poly2str(DP,'x')
>>D2P=polyder(DP)           %求二阶导数
>>poly2str(D2P,'x')
```

三、内容与要求

1. 已知

$$A=\begin{bmatrix}12 & 34 & -4\\ 34 & 7 & 87\\ 3 & 65 & 7\end{bmatrix},\quad B=\begin{bmatrix}1 & 3 & -1\\ 2 & 0 & 3\\ 3 & -2 & 7\end{bmatrix}$$

求下列表达式的值：

1）A+6B 和 A^2-B+I（其中 I 为单位矩阵）

2）A*B 和 A.*B

3）A^3 和 A .^3

4）A/B 和 B\A

5）[A,B]和[A([1,3],:);B^2]

6）将矩阵 A 左下角的 2×2 子矩阵赋给变量 D

2. 求下列复数的实部与虚部、共轭复数、模与辐角。

1）$\dfrac{1}{3+2i}$　2）$\dfrac{1}{i}-\dfrac{3i}{1-i}$　3）$\dfrac{(3+4i)(2-5i)}{2i}$　4）$i^8-4i^{21}+i$

3. 用矩阵除法求下列方程组的解：

$$\begin{cases}6x_1+3x_2+4x_3=3\\ -2x_1+5x_2+7x_3=-4\\ 8x_1-x_2-3x_3=-7\end{cases}$$

4. 已知 $A=\begin{bmatrix}7 & 2 & 1 & -2\\ 9 & 15 & 3 & -2\\ -2 & -2 & 11 & 5\\ 1 & 3 & 2 & 13\end{bmatrix}$

1）求矩阵 A 的秩。

2）求矩阵 A 的行列式。

3）求矩阵 A 的逆。

4）求矩阵 A 的特征值及特征向量。

5）求矩阵的上三角矩阵及其左右翻转矩阵。

5. 求 $\sqrt[3]{\dfrac{1}{x^3}+\dfrac{6}{x^2}+\dfrac{12}{x}+8}$ 的“商”及“余”多项式。

6. 有 3 个多项式 $p_1(x)=x^4+2x^3+4x^2+5$，$p_2(x)=x+2$，$p_3(x)=x^2+2x+3$，试进行下列操作：

1）求 $p(x)=p_1(x)+p_2(x)+p_3(x)$。

2）求 $p(x)$ 的根。

3）当 x 取矩阵 A 的每一元素时，求 $p(x)$的值。其中

$$A=\begin{bmatrix}-1 & 1.2 & -1.4\\ 0.75 & 2 & 3.5\\ 0 & 5 & 2.5\end{bmatrix}$$

4）当以矩阵 A 为自变量时，求 $p(x)$的值。其中 A 的值与 3）相同。

*7. 创建三维数组 $\boldsymbol{A}$，第一页为$\begin{bmatrix}1 & 3\\ 4 & 2\end{bmatrix}$，第二页为$\begin{bmatrix}1 & 2\\ 2 & 1\end{bmatrix}$，第三页为$\begin{bmatrix}3 & 5\\ 7 & 1\end{bmatrix}$。然后用 reshape 函数重排为数组 $\boldsymbol{B}$，$\boldsymbol{B}$ 为 3 行、2 列、2 页。

实验 4　MATLAB 数据处理

一、实验目的

1．掌握数据统计和分析的方法。
2．掌握数据插值与曲线拟合的方法及其应用。

二、回顾与演练

1．多项式插值和拟合

（1）曲线拟合

已知数据集(x_1, y_1)，(x_2, y_2)，…，(x_n, y_n)，求解析函数 $y=f(x)$，使 $f(x)$在原离散点 x_i 尽可能接近给定的值 y_i，这一过程叫曲线拟合，如图 1.4.1 所示。

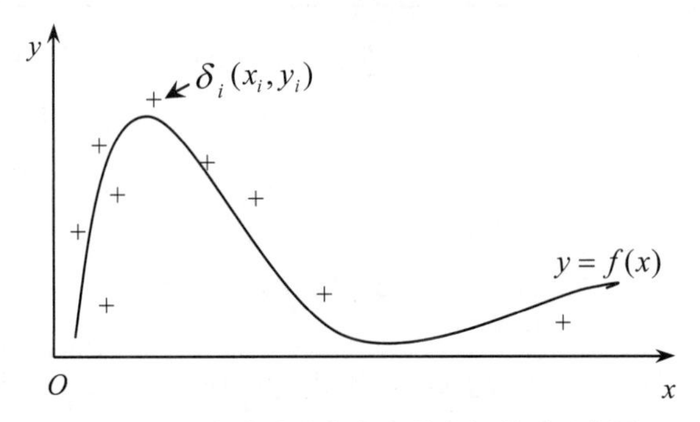

图 1.4.1　拟合曲线与各参量之间关系示意图

格式： $[p,s]$=polyfit(x,y,n)

其中：x 与 y 是 2 个等长的向量；p 是一个长度为 n+1 的向量，其值为多项式系数；s 为在采样点处的误差向量。最后利用 polyval 函数计算 x 点处多项式的值。

（2）多项式插值

已知在离散点上的数据集(x_1,y_1)，(x_2,y_2)，…，(x_n,y_n)，找出一解析函数连接自变量相邻的两个点(x_i, x_{i+1})，并求得两点间的数值，这一过程叫插值。

格式：y_i = interp1(x,y,x_i, 'method')

其中算法 method 有：

nearest：最近邻点插值，直接完成计算。

linear：线性插值（缺省方式），直接完成计算。

spline：三次样条函数插值。

cubic：三次函数插值。

注意：该命令用指定的算法对数据点之间计算**内插值**，它找出一元函数 $f(x)$在中间点的数值，其中函数 $f(x)$由所给数据决定，各个参量之间的关系如图 1.4.2 所示。

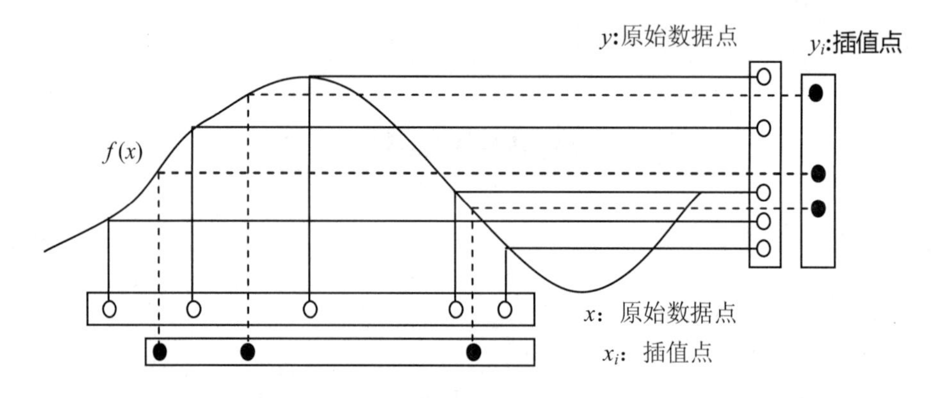

图 1.4.2 内插值与各参量之间关系示意图

【例 4-1】有一组实验数据如表 1.4.1 所示：

表 1.4.1 某项实验数据

X	1	2	3	4	5	6	7	8	9	10
Y	16	32	70	142	260	436	682	1010	1432	1960

请分别用拟合（二阶至三阶）和插值（线性和三次样条）的方法来估测 X=9.5 时 Y 的值。以下是实现一阶拟合的语句。

```
>>x=1:10
>>y=[16 32 70 142 260 436 682 1010 1432 1960]
>>p1=polyfit(x,y,1)          %一阶拟合
>>y1=polyval(p1,9.5)         %计算多项式 p1 在 x＝9.5 时的值
```

2. 数据统计分析

描述性统计分析函数标准用法都是对列数据进行操作，常用的有：min、max、sort、mean、median、std、var、sum、prod、cumsum、cumprod 等。

（1）求向量（矩阵）的最大值 max 和最小值 min

[Y,I]= max (X)：将 max(X)返回矩阵 X 的各列中的最大元素值及其位置赋予行向量 Y 与 I；当 X 为向量时，则 Y 与 I 为单变量。

[Y,I]=max(X,[],DIM)：当 DIM=1 时，将按数组 X 的各列查取的最大的元素值及其位置赋予向量 Y 与 I；当 DIM=2 时，将按数组 X 的各行查取的最大的元素值及其位置赋予向量 Y 与 I。

max(A,B)：返回一个与 A、B 同维的数组，其每一个元素是由 A、B 同位置上的元素的最大值组成。

【例 4-2】

```
>>x=[3 5 9 6 1 8];      % 产生数列 x
>>y=max(x)              % 将 x 中的最大值赋予 y
y =     9
>>[y,k]=max(x)          % 将 x 中的最大值及其位置赋予 y,k
y =     9
k =     3
>>x=[1 8 4 2;9 6 2 5;3 6 7 1];    % 产生二维数组 x
>>y=max(x)              % 将 x 中各列元素的最大值赋予行向量 y
y =     9    8    7    5
>>[y,k]=max(x)          % 将 x 中各列元素的最大值及其下标赋予 y,k
y =     9    8    7    5
k =     2    1    3    2
>>[y,k]=max(x,[ ],1)    % 本命令的执行结果与上面命令完全相同
>>[y,k]=max(x,[ ],2)    % 将 x 中各行元素的最大值及其下标赋予 y,k
y =    8
       9
       7
k =    2
       1
       3
```

（2）求和 sum

Y=sum(X)：将 sum(X)返回矩阵 X 各列元素之和赋予行向量 Y；若 X 为向量，则 Y 为单变量。

Y=sum(X,DIM)：对数组 X 的第 DIM 维的元素求其和并赋予向量 Y。若 DIM=1，为按列操作；若 DIM=2，为按行操作。若 X 为二维数组，Y 为一个向量；若 X 为一维数组，则 Y 为单变量。

【例 4-3】

```
>>x=[4 5 6;1 4 8];
>>y=sum(x,1)
y =
    5    9    14
>>y=sum(x,2)
y =
    15
    13
```

（3）求中值 median

所谓中值，是指在数据序列中其值的大小恰好在中间。例如，数据序列 9,-2,5,7,12 的中值为 7。如果为偶数个时，则中值等于中间两项的平均值。

Y=median(X)：将 median(X)返回矩阵 X 各列元素的中值赋予行向量 Y。若 X 为向量，则 Y 为单变量。

Y=median(X,DIM)：对数组 X 的第 DIM 维的元素求其中值并赋予向量 Y。若 DIM=1，为按列操作；若 DIM=2，为按行操作。若 X 为二维数组，Y 为一个向量；若 X 为一维数组，则 Y 为单变量。

【例 4-4】

```
>>x1=[9 -2 5 7 12];              % 奇数个元素
>>y1=median(x1)
y1 =
    7
>>x2=[9 -2 5 6 7 12];            % 偶数个元素
>>y2=median(x2)
y2 =
   6.5000
>>x=[1 8 4 2;9 6 2 5;3 6 7 1];   % 产生一个二维数组 x
>>y0=median(x)                   % 按列操作
y0 =    3    6    4    2
>>y1=median(x,1)                 % 此时 DIM=1，故按列操作，结果 y1 为行向量
y1 =    3    6    4    2
>>y2=median(x,2)                 % 此时 DIM=2，故按行操作，结果 y2 为列向量
y2 =    3.0000
        5.5000
        4.5000
```

（4）求平均值 mean

Y= mean(X)：将 mean (X)返回矩阵 X 各列元素的平均值赋予行向量 Y。若 X 为向量，则 Y 为单变量。

Y= mean(X,DIM)：对数组 X 的第 DIM 维的元素求其平均值并赋予向量 Y。若 DIM=1，为按列操作；若 DIM=2，为按行操作。若 X 为二维数组，Y 为一个向量；若 X 为一维数组，则 Y 为单变量。

【例 4-5】

```
>> data=[23 54 78;10 66 53; 9 46 37; 16 75 24; 8 40 78];
>> mean(data),median(data)   % 注意 mean 和 median 的区别
ans =
    13.2000    56.2000    54.0000
ans =
     10    54    53
```

（5）求积 prod

Y= prod(X)：将 prod(X)返回矩阵 X 各列元素之积赋予行向量 Y。若 X 为向量，则 Y 为单变量。

Y= prod(X,DIM)：按数组 X 的第 DIM 维的方向的元素求其积赋予向量 Y。若 DIM=1，为按列操作；若 DIM=2，为按行操作。若 X 为二维数组，Y 为一个向量；若 X 为一维数组，则

Y 为单变量。

（6）求累计和、累积积、标准方差与升序排序

MATLAB 提供的求累计和、累积积、标准方差与升序排序等函数分别为 cumsum、cumprod、std 和 sort，这里仅 std 函数为 MATLAB 程序，其余均为内部函数。

这些函数调用的参数与操作方式都与 median（中值）函数基本上一样，因此不再作详细的介绍。

【例 4-6】

```
>> std(data),sqrt(var(data))   % 注意 var 是 std 的平方
ans =
    6.3008    14.3248    24.1971
ans =
    6.3008    14.3248    24.1971
>> sum(data),cumsum(data)   % 注意 sum 与 cumsum 不同
ans =
    66    281    270
ans =
    23     54     78
    33    120    131
    42    166    168
    58    241    192
    66    281    270
>> [Y,I]=sort(data)   % 排序
Y =
     8     40     24
     9     46     37
    10     54     53
    16     66     78
    23     75     78
I =
     5      5      4
     3      3      3
     2      1      2
     4      2      1
     1      4      5
```

知识拓展：

1. 随机数生成

R=rand(m,n)：生成区间(0,1)上均匀分布的 m 行 n 列随机矩阵。

R=randn(m,n)：生成标准正态分布 N(0,1)的 m 行 n 列随机矩阵。

P=randperm(N): 生成 1,2,…,N 的一个随机排列。

实际上，计算机生成的是伪随机数，其生成机制由随机种子控制。rand 和 randn 是最基本的随机数产生函数，它们允许用户自己设置随机种子。若将随机种子设为特定值，就可以将随

机模拟称为可再现的。例如：

```
>> rand('state',1)
>> randperm(5)    %总是产生4  2  5  1  3
>>rand('state',sum(1000*clock))  %若将种子设为系统时间，则将得到真正的随机数
```

2. 随机变量模拟

R=random(dist,p1,p2,…,m,n)：生成以p1,p2,…为参数的m行n列dist类分布随机数矩阵。dist包括：'discrete uniform'（离散均匀分布）、'binpmial'（二项分布）、'normal'（正态分布）、'poisson'（Poisson分布）、'chi-square'（χ^2分布）、't'（t分布）、'f'（F分布）、'geometric'（几何分布）、'hypergeometric'（超几何分布）、'exponential'（指数分布）、'gamma'（Γ分布）、'weibull'（Weibull分布）等。

R=unidrnd(N,m,n)：生成1,2,…,N的等概率m行n列随机矩阵。

R=binornd(k,p,m,n)：生成参数为k、p的m行n列二项分布随机数矩阵。

R=unifrnd(a,b,m,n)：生成[a,b]区间上的连续型均匀分布m行n列随机数矩阵。

R=normrnd(mu,sigma,m,n)：生成均值为μ，均方差为σ的m行n列正态分布随机数矩阵。

R=mvnrnd(mu,sigma,m)：生成n维正态分布数据，这里μ为n维均值向量，σ为n阶协方差矩阵（它必须是正定的），R为m*n矩阵，每行代表一个随机数。

3. 统计图

bar(Y)：做向量Y的条形图。

bar(X,Y)：做向量Y相对于X的条形图。

hist(X,k)：将向量X中数据等距分为k组（默认为10），并作频数直方图。

[N,X]=hist(Y,k)：不做图，N返回各组数据频数，X返回各组的中心位置。

boxplot(Y)：作向量Y的箱型图。箱型图的箱中包含了从75%上分位数到25%上分位数的数据，中间线为中位线。

【例4-7】

```
>> vdata=rand(1,100);          %100个标准正态分布随机数
>> subplot(1,3,1);
>> hist(vdata,5);              % 作出5组频数直方图
>> xlabel('(a)');
>> [n,x]=hist(vdata,5)
>> subplot(1,3,2);
>> bar(x,n/100)                % 5组频率直方图
>> xlabel('(b)')
>> subplot(1,3,3);
>> boxplot(vdata);             % 箱型图
>> xlabel('(c)')
```

三、内容与要求

1. 已知lg*x*在[1,101]区间上的11个整数采样点的函数值如表1.4.1所示。

表 1.4.1 lg*x* 在 10 个采样点的函数值

x	1	11	21	31	41	51	61	71	81	91	101
lg*x*	0	1.0414	1.3222	1.4914	1.6128	1.7076	1.7853	1.8513	1.9085	1.9590	2.0043

试求 lg*x* 的 5 次拟合多项式 p(x)，并分别绘制出 lg*x* 和 $p(x)$在[1,101]区间上的函数曲线。

2．已知检测参数 f 随时间 t 的采样结果如表 1.4.2 所示。

表 1.4.2 *f* 随时间 *t* 的采样结果

t	0	5	10	15	20	25	30	35	40	45	50	55	60	65
f	3.2015	2.2560	879.5	1835.9	2968.8	4136.2	5237.9	6152.7	6725.3	6848.3	6403.5	6824.7	7328.5	7857.6

试用数值插值法计算 t=2，7，12，17，22，17，32，37，42，47，52，57 时 f 的值。

3．下面给出了某国 1900 到 1990 年间人口普查的年代和相应的人口数（单位为百万），如表 1.4.3 所示。

表 1.4.3 1900～1990 人口普查

年份	1900	1910	1920	1930	1940	1950	1960	1970	1980	1990
人口	75.995	91.972	105.711	123.203	131.669	150.697	179.323	203.212	226.505	249.633

1）估计 1975 年的人口数；

2）估计 1900 到 2000 年每一年的人口数。

4．利用 MATLAB 提供的 randn 函数生成符合正态分布的 10×5 随机矩阵 A 并进行以下操作：

1）A 的最大元素和最小元素；

2）A 每行元素的和以及全部元素之和；

3）A 各列元素的均值和标准方差；

4）分别对 A 的每列元素和每行元素按升序和降序排序。

5．利用 prod 函数计算组合数 $C_9^3=\dfrac{9!}{3!\times 6!}$ 的值。

实验 5 MATLAB 符号运算

一、实验目的

1．符号变量、表达式、方程及函数的表示。

2．符号微积分运算。

3．符号表达式的操作和转换。

二、回顾与演练

1. 符号常量、符号变量、符号表达式的创建

（1）使用sym( )创建

输入以下命令，观察Workspace中A、B、f分别是什么类型的数据，占用多少字节的内存空间。

```
>>A=sym('1')                    %符号常量
>>B=sym('x')                    %符号变量
>>f=sym('2*x^2+3*y-1')          %符号表达式
>>clear
>>f1=sym('1+2')                 %有单引号，表示字符串
>>f2=sym(1+2)                   %无单引号
>>f3=sym('2*x+3 ')
>>f4=sym(2*x+3)                 %为什么会出错?
>>x=1
>>f4=sym(2*x+3)
```

通过看MATLAB的帮助可知，sym()的参数可以是字符串或数值类型，但无论是哪种类型都会生成符号类型数据。

（2）使用syms 创建

```
>>clear
>>syms x y z                    %注意观察x,y,z都是什么类型的，它们的内容是什么
>>x,y,z
>>f1=x^2+2*x+1
>>f2=exp(y)+exp(z)^2
>>f3=f1+f2
```

通过以上实验，可以知道生成符号表达式的第二种方法：由符号类型的变量经过运算（加减乘除等）得到。又如：

```
>>f1=sym('x^2+y +sin(2)')
>>syms x y
>>f2=x^2+y+sin(2)
>>x=sym('2') , y=sym('1')
>>f3=x^2+y+sin(2)
>>y=sym('w')
>>f4=x^2+y+sin(2)
```

思考题：syms x 是不是相当于 x=sym('x')?

2. 符号矩阵的创建

```
>>syms a1 a2 a3 a4
>>A=[a1 a2;a3 a4]
>>A(1),A(3)
```

或者

```
>>B=sym('[ b1 b2 ;b3 b4]')
>>c1=sym('sin(x)')
>>c2=sym('x^2')
>>c3=sym('3*y+z')
>>c4=sym('3')
```

```
>>C=[c1 c2; c3 c4]
```

3. 符号算术的运算

（1）符号量相乘、相除

符号量相乘运算和数值量相乘一样，分成矩阵乘和数组乘。

```
>>a=sym(5);b=sym(7);
>>c1=a*b
>>c2=a/b
>>a=sym(5);B=sym([3 4 5]);
>>C1=a*B, C2=a\B
>>syms a b
>>A=[5 a;b 3]; B=[2*a b;2*b a];
>>C1=A*B, C2=A.*B
>>C3=A\B, C4=A./B
```

（2）符号数值任意精度的控制和运算

任意精度的 VPA 运算可以通过命令 digits（设定默认的精度）和 vpa（对指定对象以新的精度进行计算）来实现。

```
>>a=sym('2*sqrt(5)+pi')
>>b=sym(2*sqrt(5)+pi)
>>digits
>>vpa(a)
>>digits(15)
>>vpa(a)
>>c1=vpa(a,56)
>>c2=vpa(b,56)
```

注意观察 c1 和 c2 的数据类型，以及 c1 和 c2 是否相等。

（3）符号类型与数值类型的转换

使用命令 sym 可以把数值型对象转换成有理数型符号对象，命令 vpa 可以将数值型对象转换为任意精度的 VPA 型符号对象。使用 double 函数可以将有理数型和 VPA 型符号对象转换成数值对象。

```
>>clear
>>a1=sym('2*sqrt(5)+pi')
>>b1=double(a1)          %符号转数值
>>a2=vpa(a1,70)          %数值转符号
```

4. 符号表达式的操作和转换

（1）独立变量的确定原则

独立变量的确定原则：在符号表达式中默认变量是唯一的。MATLAB 会对单个英文小写字母（除 i、j 外）进行搜索，且以 x 为首选独立变量。如果表达式中字母不唯一且无 x，就选择在字母表顺序中最接近 x 的字母。如果有相连的字母，则选择在字母表中较后面的那一个。例如：'3*y+z'中，y 是默认独立变量。'sin(a*t+b)'中，t 是默认独立变量。

输入以下命令，观察并分析结果。

```
>>clear
>>f=sym('a+b+i+j+x+y+xz')
>>findsym(f)
```

```
>>findsym(f,1) , findsym(f,2) , findsym(f,3)
>>findsym(f,4) , findsym(f,5) , findsym(f,6)
```

（2）符号表达式的化简

符号表达式化简主要包括表达式美化（pretty）、合并同类项（collect）、多项式展开（expand）、因式分解（factor）、化简（simple 或 simplify）等函数。

1）合并同类项（collect）。分别按 x 的同幂项和 e 指数同幂项合并表达式：$(x^2+xe^{-t}+1)(x+e^{-t})$。

```
>>syms x t; f=(x^2+x*exp(-t)+1)*(x+exp(-t));
>>f1=collect(f)
>>f2=collect(f,'exp(-t)')
```

2）对显示格式加以美化（pretty）。针对上例，用格式美化函数可以使显示出的格式更符合数学书写习惯。

```
>>pretty(f1)
>>pretty(f2)
```

注意与直接输出的 f1 和 f2 对比。

3）多项式展开（expand）。展开 $(x-1)^{12}$ 成 x 不同幂次的多项式。

```
>>clear all
>>syms x;
>>f=(x-1)^12;
>>pretty(expand(f))
```

4）因式分解（factor）。将表达式 $x^{12}-1$ 作因式分解。

```
>>clear all
>>syms x; f=x^12-1;
>>pretty(factor(f))
```

5）化简（simple 或 simplify）。将函数 $f=\sqrt[3]{\frac{1}{x^3}+\frac{6}{x^2}+\frac{12}{x}+8}$ 化简。

```
>>clear all, syms x; f=(1/x^3+6/x^2+12/x+8)^(1/3);
>>g1=simple(f)
>>g2=simplify(f)
```

5. 符号表达式的变量替换

subs 函数可以对符号表达式中的符号变量进行替换

```
>>clear
>>f=sym('(x+y)^2+4*x+10')
>>f1=subs(f, 'x', 's')                  %使用 s 替换 x
>>f2=subs(f, 'x+y', 'z')
```

6. 符号极限、符号积分与微分

（1）求极限函数的调用格式

limit(F,x,a)	返回当 x→a 时符号对象 F 的极限
limit(F,a)	返回当独立变量*→a 时符号对象 F 的极限
limit(F)	返回当独立变量→0(a=0)时符号对象 F 的极限
limit(F,x,a,'right')	返回当 x→a 时符号对象 F 的右极限
limit(F,x,a,'left')	返回当 x→a 时符号对象 F 的左极限

【例 5-1】

```
>>clear
```

```
>>f=sym('sin(x)/x+a*x')
>>limit(f,'x',0)            %以 x 为自变量求极限
>>limit(f,'a',0)            %以 a 为自变量求极限
>>limit(f)                  %在默认情况下以 x 为自变量求极限
>>findsym(f)                %得到变量并且按字母表顺序排列
```

【例 5-2】

```
>>clear
>>f=sym('sqrt(1+1/n)');
>>limit(f,n,inf)            %求 n 趋于正无穷大时的极限
```

（2）求积分函数的调用格式

```
int(F)                      求符号对象 F 关于默认变量的不定积分
int(F,v)                    求符号对象 F 关于指定变量 v 的不定积分
int(F,a,b)                  求符号对象 F 关于默认变量的从 a 到 b 的定积分
int(F,v,a,b)                求符号对象 F 关于指定变量 v 的从 a 到 b 的定积分
```

【例 5-3】

```
>>clear
>>f=sym('a*x^2+b*x+c');
>>int(f)                    %求 f 的不定积分，自变量为 x
>>int(f,x,0,2)              %求 f 在[0,2]区间的定积分，自变量为 x
>>int(int('x*exp(-x*y)','x'),'y')   %求积分 ∬xe^(-xy)dxdy
```

（3）求微分函数的调用格式

```
diff(F)                     求符号对象 F 关于默认变量的微分
diff(F,v)                   求符号对象 F 关于指定变量 v 的微分
diff(F,n)                   求符号对象 F 关于默认变量的 n 次微分，n 为自然数 1、2、3…
diff(F,v,n)                 求符号对象 F 关于指定变量 v 的 n 次微分
```

【例 5-4】

```
>>clear
>>f=sym('a*x^2+b*x+c');
>>diff(f)                   %对 f 默认自变量 x 求微分
>>diff(f,'a')               %对 f 按自变量 a 求微分
>>diff('sin(x)/(x^2+4*x+3)')
```

三、内容与要求

1．分别用 sym 和 syms 创建符号表达式：$f_1=\cos x+\sqrt{-\sin^2 x}$，$f_2=\dfrac{y}{\mathrm{e}^{-2t}}$。

2．已知 x=6，y=5，利用符号表达式求 $z=\dfrac{x+1}{\sqrt{3+x}-\sqrt{y}}$

提示：定义符号常数 x=sym('6')，y=sym('5')。

3．已知 $f=(ax^2+bx+c-3)^3-a(cx^2+4bx-1)$，按照自变量 x 和自变量 a，对表达式 f 分别进行降幂排列。

4. 已知符号表达式 $f=1-\sin^2 x$，$g=2x+1$，计算了 $x=0.5$ 时，f 的值；计算复合函数 $f(g(x))$。

5．求下列极限或导数。

1） $\lim\limits_{x\to 2}\dfrac{x^2-1}{x^2-3x+2}$

2） $\lim\limits_{x\to 0}\dfrac{x(\mathrm{e}^{\sin x}+1)-2(\mathrm{e}^{\tan x}-1)}{\sin^3 x}$

3）已知 $A=\begin{bmatrix} a^x & t^3 \\ t\cos x & \ln x \end{bmatrix}$，分别求 $\dfrac{\mathrm{d}A}{\mathrm{d}x},\dfrac{\mathrm{d}^2A}{\mathrm{d}t^2},\dfrac{\mathrm{d}^2A}{\mathrm{d}x\mathrm{d}t}$。

4）求函数 $g(x)=\sqrt{\mathrm{e}^x+x\sin x}$ 的导数。

5） $f(x,y)=(x^2-2x)\mathrm{e}^{-x^2-y^2-xy}$，求 $\dfrac{\partial^2 f}{\partial x\partial y}$。

6．求下列积分。

1） $f(x)=\cos 2x-\sin 2x$

2） $\int\dfrac{\mathrm{d}x}{1+x^4+x^8}$

3） $\int_0^{\frac{\pi}{6}}(\sin x+2)\mathrm{d}x$

4） $\int_0^{+\infty}\dfrac{x^2+1}{x^4+1}\mathrm{d}x$

5） $\int_0^{\ln 2}\mathrm{e}^x(1+\mathrm{e}^x)^2\mathrm{d}x$

实验6　MATLAB方程求解与级数运算

一、实验目的

1．掌握代数方程符号求解的方法。
2．掌握微分方程符号求解的方法。
3．掌握级数的符号求和及将函数展开为泰勒级数的方法。

二、回顾与演练

1．常规方程求解函数的调用格式

g = solve(eq)	求方程（或表达式或字串）eq 关于默认变量的解
g = solve(eq,var)	求方程（或表达式或字串）eq 关于指定变量 var 的解
g = solve(eq1,eq2,...,eqn,var1,var2,...,varn)	求方程（或表达式或字串）组 eq1,eq2,...,eqn 关于指定变量组 var1,var2,...,varn 的解

说明：

1）eq 可以是用字符串表示的方程或符号表达式；若 eq 中不含等号，则表示方程 f=0。

2）对于线性方程组 Ax=b 还可使用 linsolve(A,b)求解。

3）对于非线性方程的数值求解可利用 fzero(f,x0)：求方程 f=0 在 x0 附近的根。
fzero 的另外一种调用方式 fzero(f,[a,b])：求方程 f=0 在[a,b]区间内的根。

注意：f 不是方程！也不能使用符号表达式！如 fzero('x^3-3*x+1=0',1)是错误的。

【例 6-1】求方程 $x^3-3x+1=0$ 在 $x=2$ 附近的一个根，求解的 MATLAB 代码为

```
>>fzero('x^3-3*x+1',2)
```

求一元二次方程 $ax^2+bx+c=0$ 的解，其求解方法有多种形式：

（1）Seq=solve('a*x^2+b*x+c')

（2）Seq=solve('a*x^2+b*x+c=0')

（3）eq='a*x^2+b*x+c';

或

```
eq='a*x^2+b*x+c=0';
Seq=solve(eq)
```

（4）syms x a b c;

```
eq= a*x^2+b*x+c;
Seq=solve(eq)
```

2. 常微分方程求解

求解常微分方程的函数是 dsolve。应用此函数可以求得常微分方程（组）的通解，以及给定边界条件（或初始条件）后的特解。

常微分方程求解函数的调用格式：

```
r = dsolve('eq1,eq2,...', 'cond1,cond2,...', 'v')
r = dsolve('eq1','eq2',...,'cond1','cond2',...,'v')
```

说明：

1）以上两式均可给出方程 eq1、eq2 ...对应初始条件 cond1、cond2 ...之下的以 v 作为解变量的各微分方程的解。r 返回解析解。在方程组情形中，r 为一个符号结构。

2）常微分方程解的默认变量为 t。

3）第二式中最多可接受的输入式是 12 个。

4）微分方程的表达方法：

在用 MATLAB 求解常微分方程时，用大写字母 Dy 表示微分符号 $\frac{\mathrm{d}y}{\mathrm{d}x}$ 或 y'，用 D2y 表示 $\frac{\mathrm{d}^2y}{\mathrm{d}x^2}$ 或 y''，依此类推。

边界条件以类似于 $y(a)=b$ 或 $\mathrm{D}y(a)=b$ 的等式给出。其中 y 为因变量，a、b 为常数。如果初始条件给得不够，求出的解则为含有 C1、C2 等待定常数的通解。

【例 6-2】求下列微分方程的解析解。

（1）$y'=ay+b$

（2）$y''=\sin 2x-y, y(0)=0, y'(0)=1$

（3）$f'=f+g, g'=g-f, f'(0)=1, g'(0)=1$

方程（1）求解的 MATLAB 代码为：

```
>>clear;
>>s=dsolve('Dy=a*y+b')
```

方程（2）求解的 MATLAB 代码为：

```
>>clear;
>>s=dsolve('D2y=sin(2*x)-y','y(0)=0','Dy(0)=1','x')
>>simplify(s)  %以最简形式显示 s
```

方程（3）求解的 MATLAB 代码为：

```
>>clear;
>>s=dsolve('Df=f+g','Dg=g-f','f(0)=1','g(0)=1')
>>simplify(s.f)  %s 是一个结构
>>simplify(s.g)
```

3. 级数

（1）级数符号求和

级数符号求和函数 symsum，调用格式为：symsum(s,v,n,m)。

其中 s 为级数通项，v 为求和变量（省略为系统默认），n 为开始项，m 为末项。

```
>>clear;
>>syms k x
>>symsum(1/k,k,1,inf)  %s 对级数 1+1/2+1/3+…+1/k 求和
```

（2）函数的泰勒级数

调用格式：taylor(f,v,n,a)

功能：将函数 f 按变量 v 展开为泰勒级数，直至展开到第 n 项为止（即 v 的 n-1 次幂），n 的默认值为 6，参数 a 指定将函数 f 在自变量 v=a 处展开，a 的默认值为 0。

```
>>clear;
>>syms x
>>taylor(cos(x),11)  %cos(x)的泰勒级数展开
```

三、内容与要求

1. 求方程 $x^2+x-14=0$ 在 x=3 附近的近似实根。

2. 用不同的方法求下列线性代数方程组的解。

$$\begin{cases} x+y+z=10 \\ 3x+2y+z=14 \\ 2x+3y-z=1 \end{cases}$$

3. 求下列方程和方程组的符号解。

1）$3xe^x+5\sin x-78.5=0$

2）$\begin{cases} \sqrt{x^2+y^2}-100=0 \\ 3x+5y-8=0 \end{cases}$

4. 求微分方程 $\dfrac{dy}{dx}+2xy=xe^{-x^2}$ 的通解。

5. 求微分方程 $xy'+y-e^x=0$ 在初始条件 $y|_{x=1}=2e$ 下的特解。

6. 求解当 $y(0)=2$，$z(0)=7$ 时，微分方程组的解。

$$\begin{cases}\dfrac{\mathrm{d}y}{\mathrm{d}x}-z=\sin x\\ \dfrac{\mathrm{d}z}{\mathrm{d}x}+y=1+x\end{cases}$$

7．求微分方程的符号解。

$$\begin{cases}\dfrac{\mathrm{d}^2y}{\mathrm{d}x^2}+k^2y=0\\ y(0)=a\\ y'(0)=b\\ a,b,k\text{为任意常数}\end{cases}$$

8．对以下级数求和。

1）$S=\sum\limits_{n=1}^{10}\dfrac{1}{2n-1}$　　2）$\sum\limits_{n=1}^{\infty}n^2x^{n-1}$　　3）$\sum\limits_{n=1}^{\infty}\dfrac{n^2}{5^n}$

9．将 ln$x$ 在 x=1 处按 5 次多项式展开为泰勒级数。

实验 7　MATLAB 绘图

一、实验目的

1．掌握二维图形绘制。
2．掌握三维曲线和三维曲面绘制。
3．熟悉图形属性的设置和图形修饰。

二、回顾与演练

1．二维图形绘制

二维图形绘制主要使用函数 plot，格式如下：

plot(x1,y1,选项 1, x2,y2, 选项 2, x3,y3,选项 3, ...)

其中所有的选项如表 1.7.1 所示。一些选项可以连用，如 '-r' 表示红色实线。

表 1.7.1　MATLAB 绘图命令的各种选项

曲线线型		曲线颜色				标记符号			
选项	意义	选项	意义	选项	意义	选项	意义	选项	意义
-	实线	b	蓝色	c	青色	*	星号	pentagram	五星号
--	虚线	g	绿色	k	黑色	.	点号	o	圆圈
:	点线	m	品色	r	红色	x	叉号	square	□
-.	点划线	w	白色	y	黄色	v	▽	diamond	。
none	无线	用一个 1×3 向量任意指定[r,g,b]红绿蓝三色				^	△	hexagram	六角星
						>	▷	<	◁

由 MATLAB 绘制的二维图形可以由下面的一些命令简单地修饰。如

- grid——加网格线。
- xlabel('字符串')—— 给横坐标轴加说明。
- ylabel('字符串')——给纵坐标轴加说明，并自动旋转 90 度。
- title('字符串')——给整个图形加标题。
- axis([xmin xmax ymin ymax])——手动地设置 x 和 y 坐标轴范围。
- plotyy 函数——绘制具有两个纵坐标刻度的图形。
- 坐标系的分割在 MATLAB 图形绘制中是很有特色的，比较规则的分割方式是用 subplot 函数定义的，其标准调用格式为：subplot(n,m,k)。其中，n 和 m 为将图形窗口分成的行数和列数，而 k 为相对的编号。例如在标准的 Bode 图绘制中需要将窗口分为上下两个部分（即 n=2, m=1），分割后上部编号为 1，下部编号为 2。

操作示例：

（1）二维图形绘制主要使用函数 plot。

```
>> clear all;
>> x=linspace(0,2*pi,100);
>> y1=sin(x);
>> plot(x,y1)
>> hold on                     %保持原有的图形
>> y2=cos(x)
>> plot(x,y2)
```

注：hold on 用于保持图形窗口中原有的图形，hold off 解除保持。

（2）函数 plot 的参数也可以是矩阵。

```
>> close all                   %关闭所有图形窗口
>> x=linspace(0,2*pi,100);
>> y1=sin(x);
>> y2=cos(x);
>> A=[y1 ; y2]';               %把矩阵转置
>> B=[x ; x]'
>> plot(B,A)
```

（3）选用绘图线形和颜色。

```
>> close all                   %关闭所有图形窗口
>> plot(x,y1,'g+',x,y2, 'r:')
>> grid on                     %添加网格线
```

（4）添加文字标注。

```
>> title('正弦曲线和余弦曲线')
>> ylabel('幅度')
>> xlabel('时间')
>> legend('sin(x)', 'cos(x)')
>> gtext('\leftarrowsin\itx')  %用鼠标在图中确定位置，\leftarrow 产生左箭头，\为转义符
```

（5）修改坐标轴范围。

```
>> axis equal
>> axis normal
>> axis([0 pi 0 1.5])
```

（6）子图和特殊图形绘制。

```
>>subplot(2,2,1)
>>t1=0:0.1:3;
>>y1=exp(-t1);
>>bar(t1,y1);

>>subplot(2,2,2)
>>t2=0:0.2:2*pi;
>>y2=sin(t2);
>>stem(t2,y2);

>>subplot(2,2,3)
>>t3=0:0.1:3;
>>y3=t3.^2+1;
>>stairs(t3,y3);

>>subplot(2,2,4)
>>t4=0:.01:2*pi;
>>y4= abs(cos(2*t4));
>>polar(t4,y4);
```

2. *三维曲线和三维曲面绘制*

（1）三维曲线绘制使用 plot3 函数。绘制一条空间螺旋线：

```
>>z=0:0.1:6*pi;
>>x=cos(z);
>>y=sin(z);
>>plot3(x,y,z);
```

练习：*利用子图函数，绘制以上空间螺旋线的俯视图、左视图和前视图。*

（2）三维曲面图的绘制：MATLAB 绘制网线图和网面图的函数分别是 mesh()和 surf()，其具体操作步骤是：

1）用函数 meshgrid()生成平面网格点矩阵[X,Y]；

2）由[X,Y]计算函数数值矩阵 Z；

3）用 mesh()绘制网线图，用 surf()绘制网面图。

绘制椭圆抛物面：

```
>>clear all,close all;
>>x=-4:0.2:4;
>>y=x;
>> [X,Y]=meshgrid(x,y);
>>Z=X.^2/9+Y.^2/9;
>>mesh(X,Y,Z);
>>title('椭圆抛物面网线图')
>>figure(2)
>>surf(X,Y,Z);
>>title('椭圆抛物面网面图')
```

绘制阔边帽面：

```
>>clear all,close all;
>>x=-7.5:0.5:7.5;
>>y=x;
>> [X,Y]=meshgrid(x,y);
>>R=sqrt(X.^2+Y.^2)+eps;  %避开零点，以免零做除数
>>Z=sin(R)./R;
>>mesh(X,Y,Z);
>> title('阔边帽面网线图')
>>figure(2)
>>surf(X,Y,Z);
>>title('阔边帽面网面图')
```

3. 复变函数的图形

MATLAB 表现复变函数（四维）的方法是用三维空间坐标再加上颜色，类似于地球仪用颜色表示海洋与高山。MATLAB 使用下列函数进行复变函数的做图：

（1）cplxgrid

```
z=cplxgrid(m);        %产生(m+1)*(2*m+1)的极坐标下的复数数据网格，最大半径为 1 的圆面
```

（2）cplxmap

```
cplxmap(z,f(z),[optional bound])    %画复变函数的图形，可选项用以选择函数的做图范围
```

cplxmap 做图时，以 xy 平面表示自变量所在的复平面，以 z 轴表示复变函数的实部，颜色表示复变函数的虚部。

（3）cplxroot

```
cplxroot(n)      %画复数 n 次根的函数曲面，复数为最大半径为 1 的圆面
cplxroot(n,m)    %画复数 n 次根的函数曲面，复数为最大半径为 1 的圆面，为(m+1)*(2m+1)的方阵
```

【例 7-1】绘出函数 $z^{\frac{1}{3}}$ 的图形，已知 z 为复数。

```
>>z=cplxgrid(30);
>>cplxroot(3);
>>title('z^{1/3}')
```

三、内容与要求

1. 已知 $y_1 = x^2$，$y_2 = \cos(2x)$，$y_3 = y_1 + y_2$，完成下列操作：

1）在同一坐标系下用不同的颜色和线型绘制三条曲线。

2）以子图形式绘制 3 条曲线。

3）分别用条形图、阶梯图、杆图和填充图绘制三条曲线。

2. 写出图 1.7.1 的绘制方法。

提示：步骤如下：①产生曲线的数据（共有 3 组数据）；②选择合适的线形、标记、颜色（正弦曲线为红色，余弦曲线为蓝色）；③添加图例及文字说明信息；④添加坐标轴说明与图标题。

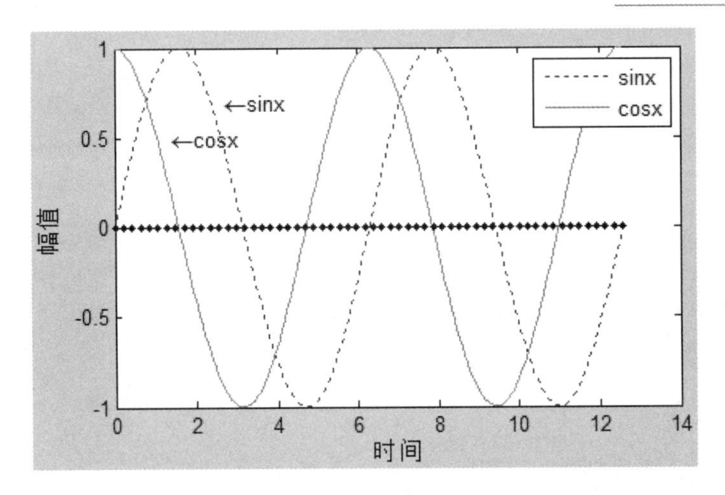

图 1.7.1　绘制曲线

3．设 $z = x^2 e^{-(x^2+y^2)}$，求定义域 x=[-2,2]，y=[-2,2]内的 z 值（网格取 0.1）。请把 z 的值用网面图形象地表示出来，如图 1.7.2 所示。

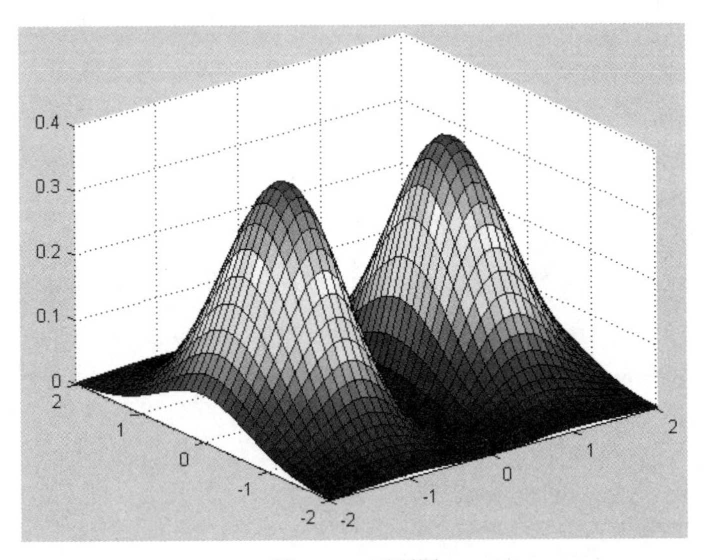

图 1.7.2　网面图

4. 绘出函数 $f(z) = (z^4 - 1)^{\frac{1}{4}}$ 的图形，其中 z 为复数。

5. 绘制函数的曲面图和等高线。

1） $z = (x^2 - 2x)e^{-x^2 - y^2 - xy}$

2） $f(x, y) = \dfrac{1}{\sqrt{(x-1)^2 + y^2}} - \dfrac{1}{\sqrt{(x+1)^2 + y^2}}$

提示：绘制三维曲面图，首先要选定一平面区域并在该区域产生网络坐标矩阵。在做本题前，先分析并上机验证下列命令的执行结果，从中体会产生网络坐标矩阵的方法。

```
[x,y]=meshgrid(-1:0.5:2,1:5)
```

实验 8　MATLAB 程序设计 I

一、实验目的

1．熟悉 M 文件的编辑。
2．掌握程序流程控制（顺序、分支、循环）结构。

二、回顾与演练

1．M 文件的编辑

MATLAB 的 M 文件有两类：脚本文件和函数文件。

（1）脚本文件——将原本要在 MATLAB 的指令窗口中直接输入的语句，放在一个以.m 为后缀的文件中，这一文件被称为脚本文件。有了脚本文件，就可直接在 MATLAB 中输入脚本文件名（不含后缀），这时 MATLAB 会打开这一脚本文件，并依次执行脚本文件中的每一条语句，这与在 MATLAB 中直接输入语句的结果完全一致。

（2）函数文件——它的第一行必须是函数定义行。

M 函数文件由 5 部分构成：

- 函数定义行
- H1 行
- 函数帮助文本
- 函数体
- 注释

注意：在函数文件中，除了函数定义行之外，其他部分都是可以省略的。但作为一个函数，为了提高函数的可用性，应加上 H1 行和函数帮助文本；为了提高函数的可读性，应加上适当的注释。

```
function y = mean(x)
%    MEAN Average or mean value.
%    For vectors, MEAN(X) is the mean value of the elements in X.
%    For matrices, MEAN(X) is a row vector containing the mean
%    value of each column.
[m,n]=size(x);
if m==1        % Determine whether x is a vector
   m=n;
end
y = sum(x)/m;
```

1）函数定义行：function y = mean(x)，其中 function 为函数定义的关键字，mean 为函数名，y 为输出变量，x 为输入变量。

当函数具有多个输出变量时，则以方括号括起；当函数具有多个输入变量时，则直接用圆括号括起，例如：function [x,y,z]=sphere(theta,phi,rho)；当函数不含输出变量时，则直接略去输出部分或采用空方括号表示，例如：function printresults(x)或 function [ ]=printresults(x)。

所有在函数中使用和生成的变量都为局部变量（除非利用 global 语句定义），这些变量值只能通过输入和输出变量进行传递。因此，在调用函数时，应通过输入变量将参数传递给函数；在函数调用返回时，也应通过输出变量将运算结果传递给函数调用者；其他在函数中产生的变量在返回时被全部清除。

2）H1 行：描述了函数的“功能”信息（很重要！）

函数文件中第二行一般是注释行，这一行称为 H1 行，实际上它是帮助文本中的第一行。H1 行不仅可以由 help funtion-name 命令显示，而且，lookfor 命令也只在 H1 行内搜索。

3）函数帮助文本：用来比较详细地说明这一函数的用法。

以%开头，输入 help funtion-name 命令，可显示出 H1 行和函数帮助文本。

4）函数体：完成指定功能的语句实体。

可采用任何可用的 MATLAB 命令，包括 MATLAB 提供的函数和用户自己设计的 M 函数。

5）注释。

说明：

- 函数定义名和保存文件名必须一致。两者不一致时，MATLAB 将忽视文件首行的函数定义名，而以保存文件名为准；
- 函数文件的名字必须以字母开头，后面可以是字母、下划线以及数字的任意组合，但不得超过 63 个字符；
- 建议在编写 H1 行时，采用英文表达。这样处理是为了以后关键词检索方便。

（3）脚本文件和函数文件比较（见表 1.8.1）

表 1.8.1 脚本文件和函数文件比较

	脚本文件	函数文件
定义行	无需定义行	必须有定义行
输入 / 输出变量	无	有
数据传送	直接访问基本工作空间中的所有变量	通过输入变量获得输入数据； 通过输出变量提交结果
编程方法	直接选取 MATLAB 中执行的语句	精心设计完成指定功能
用途	重复操作	MATLAB 功能扩展

函数文件去掉其第一行的定义行，就转变成了脚本文件。但这样一来使用的局部变量就成了基本工作空间中的变量，这会带来几个问题：

- 在基本工作空间中与脚本文件中同名的变量会引起冲突。
- 使基本工作空间中变量数急剧增加，造成内存紧张。
- 编程时要细心考虑各个脚本文件所用到的变量。

（4）应用示例

选择 MATLAB 的菜单 File|New|M-file，打开新的 M 文件进行编辑，然后输入以下内容，并保存文件名为 exp1.m。

```
% M 脚本文件
%功能：计算自然数列 1～100 的数列和
s=0;
```

```
for   n=1:100
     s=s+n;
end
s
```

保存好文件后，在命令窗口输入 exp1 即可运行该脚本文件，注意观察变量空间。接着创建 M 函数文件，然后输入以下内容，并保存文件名为 exp2.m。

```
%这是M函数文件
%功能：计算自然数列1～x的数列和
function s=exp2(x)
s=0;
for   n=1:x
    s=s+n;
end
```

保存好文件后，在命令窗口输入

```
>>clear
>>s=exp2(100)
open 命令可以打开 M 文件进行修改
>>open conv              %打开 conv 函数
```

说明：

1）运行脚本文件，产生的所有变量都驻留在 MATLAB 基本工作空间（Base Workspace），只要不使用 clear 命令且不关闭指令窗口，这些变量都将一直保存着（基本工作空间随 MATLAB 的启动而产生，只有关闭 MATLAB 时，该基本空间才被删除）。

2）运行函数文件，MATLAB 就会专门开辟一个临时工作空间，称为函数工作空间（Function Workspace），所有中间变量都存放在函数工作空间中。当执行完最后一条指令或遇到 return 时，就结束该函数文件的运行，同时该临时函数工作空间及其所有中间变量就立即被清除（函数工作空间随具体 M 函数文件的被调用而产生，随调用结束而删除。函数工作空间相对基本工作空间是对立的、临时的。在 MATLAB 整个运行期间，可以产生任意多个临时函数工作空间）。

3）如果在函数文件中，调用了某脚本文件，那么该脚本文件运行所产生的所有变量都放在该函数工作空间中，而不是放在基本工作空间中。

2. 程序流程控制结构

（1）if-else-end 分支结构

【例 8-1】已知函数 $y=\begin{cases} x & x<-1 \\ x^3 & -1\leqslant x<1 \\ \mathrm{e}^{1-x} & 1\leqslant x \end{cases}$，编写程序对任意一组 x 输入值求相应的 y 值。

```
clear;
x=input('请输入任意一组值：');
n=length(x);
for k=1:n
      if x(k)<-1
           y(k)=x(k);
```

```
        elseif x(k)>=1
            y(k)=exp(1-x(k));
        else
            y(k)=x(k)^3;
        end
    end
    x
    y
```

（2）switch-case 结构

创建 M 脚本文件 exp3.m，输入以下内容并在命令窗口中运行。

```
%功能：判断键盘输入的数是奇数还是偶数
n=input('n=');
if isempty(n)
   error('please input n:')
end
switch mod(n,2)
case 1
      A='奇数'
case 0
      A='偶数'
end
```

（3）try-catch 结构

try-catch 结构应用实例。

```
clear,N=4;A=magic(3)        %设置 3 行 3 列矩阵 A
try
    A_N=A(N,:),             %取 A 的第 N 行元素
catch
    A_end=A(end,:),         %如果取 A(N,:)出错，则改取 A 的最后一行
end
lasterr                     %显示出错原因

A =
     8     1     6
     3     5     7
     4     9     2
A_end =
     4     9     2
ans =
Index exceeds matrix dimensions.
```

（4）for 循环结构

```
for n=1:10
    n
end
```

另一种形式的 for 循环

```
n=10:-1:5
```

```
for i=n            %循环的次数为向量n的列数
    i
end
```

（5）while 循环结构

在命令窗口输入：

```
>>clear,clc;
x=1;
while 1
        x=x*2
end
```

将会看到MATLAB进入死循环，因为while 判断的值恒为真，这时须按下Ctrl+C组合键来中断运行，并且可以看到x的值为无穷大。

（6）控制程序流程的其他常用指令

return 指令：可以强制MATLAB结束被调函数的执行过程，并把控制转出。

break 指令：使while、for循环（在满足某种条件时）终止退出，而不必等待循环的自然结束。

continue 指令：跳过while、for 循环体内剩下的语句，继续下一次循环。

input 指令：暂时把“控制权”交给用户，可以通过键盘输入数值、字符串或表达式，并经过“回车”把键入内容输入工作空间，同时再把“控制权”交还给MATLAB。

- v=input('message')　　将用户键入的内容赋给变量v
- v=input('message', 's')　　将用户键入的内容作为字符串赋给变量v

keyboard 指令：把“控制权”交给用户，让用户通过键盘输入各种MATLAB指令（任意多个）；只有当用户使用return指令结束输入后，“控制权”才交还给程序。

三、内容与要求

1．计算分段函数的值。

$$y=\begin{cases}\dfrac{x+\sqrt{\pi}}{e^2} & ,x<0\\ \dfrac{1}{2}\ln(x+\sqrt{1+x^2}) & ,x\geqslant 0\end{cases}$$

2．求下列分段函数的值。

$$y=\begin{cases}x^2+x-6, & x<0\text{且}x\neq-3\\ x^2-5x+6, & 0\leqslant x<10, x\neq 2\text{且}x\neq 3\\ x^2-x-1 & \text{其他}\end{cases}$$

要求：

1）用if语句实现，分别输出x= -5.0, -3.0, 1.0, 2.0, 2.5, 3.0, 5.0 时的y值。

提示：x的值从键盘输入，可以是向量。

*2）用逻辑表达式实现，从而体会MATLAB逻辑表达式的一种应用。

3．输入一个百分制成绩，要求输出成绩等级A、B、C、D、E。其中90～100分为A，80～89分为B，70～79分为C，60～69分为D，60分以下为E。

要求：

1）分别用 if 语句和 switch 语句实现。

2）输入百分制成绩后判断该成绩的合理性，对不合理的成绩输出错误信息。

4．求[100,200]之间第一个能被 21 整除的整数。

5．请把 exp2.m 函数文件用 while 循环改写。

6．用 $\frac{\pi}{4}\approx 1-\frac{1}{3}+\frac{1}{5}-\frac{1}{7}+\ldots$ 公式求 π 的近似值，直到最后一项的绝对值小于 10^{-6} 为止，试编写其 M 脚本文件。

*7．根据 $y=1+\frac{1}{3}+\frac{1}{5}+\cdots+\frac{1}{2n-1}$，求：

1）求 $y<3$ 时的最大 n 值。

2）与 1）的 n 值对应的 y 值。

8．试输出全部水仙花数（一个三位整数各位数字的立方和等于该数本身）。

要求：1）用循环结构实现。

*2）用向量运算来实现。

提示：全部 3 位整数组成向量 M；分别求 M 各元素的个位、十位、百位数字，组成向量 M1、M2、M3；向量 N = M1.*M1.*M1+M2.*M2.*M2+M3.*M3.*M3；向量 K=M-N；显然 K 中 0 元素的序号即 M 中水仙花数的序号。

*9．建立 5×6 矩阵，要求输出矩阵第 n 行元素。当 n 值超过矩阵的行数时，自动转为输出矩阵最后一行元素，并给出出错信息。

实验 9 MATLAB 程序设计 II

一、实验目的

1．掌握子函数调用和参数传递方式。

2．理解局部变量和全局变量的含义并能正确使用。

3．熟练掌握 MATLAB 函数的编写与调用技术。

4．熟练 MATLAB 程序调试技术。

二、回顾与演练

1．函数类型

（1）**主函数**——任意 M 文件中的第一个函数称为主函数，主函数之后可能跟随多个子函数。主函数是在命令区或其他函数中可调用的唯一一个该 M 文件中所定义的函数。

（2）**子函数**——一个 M 文件中可能包含多个函数。主函数之外的函数都称为子函数，这些子函数只能为主函数或同一 M 文件中的其他子函数可见。

例如：有一个函数 $g(x)=\sum_{n=1}^{x} n!$ （x=1,2,3…），试编写实现该函数的函数文件。

```
function g=exp10(x)          %主函数
```

```
g=0;
for n=1:x
    g=g+fact(n);              %调用子函数
end

function y=fact(k)            %子函数
y=1;
for   i=1:k
      y=y*i;
end
```

而即便在相同的 M 文件中，子函数内定义的变量也不可为其他子函数所使用，除非定义为全局或作为参数传递。

主函数必须位于最前面，子函数出现的次序任意；子函数只能被主函数和位于同一个函数文件中的其他子函数调用。调用一个函数时，MATLAB 会首先检查该函数是否为一个子函数。

（3）**私有函数**——私有函数仅对满足条件的特定函数开放。私有函数存放于名为 private 的子目录下，访问条件是：存放于 private 目录下的函数文件，只能被上一级目录中的函数文件所调用。

（4）**嵌套函数**——任一 M 函数体内所定义的函数称为外部函数的嵌套函数，MATLAB 支持多重嵌套函数，即在嵌套函数内部继续定义下一层的嵌套函数，形如：

```
function x = A(p1, p2)
  function y = B(p3)
    ...
  end
  ...
end
```

MATLAB 函数体通常不需要 end 结束标记，但如包含嵌套函数，则该 M 文件内的所有函数（主函数和子函数），不论是否包含嵌套函数都需显式 end 标记。

嵌套函数的调用规则：

1）父级函数可调用下一层嵌套函数；

2）相同父级的同级嵌套函数可相互调用；

3）处于低层的嵌套函数可调用任意父级函数。

嵌套函数中的局部变量在其任一层内部嵌套函数或外部父级函数中都可访问，例如下面的两个函数都是合法的：

①
```
function varScope1
  x=5;
  nestfun1
    function nestfun1
    nestfun2
      function nestfun2
        x=x+3;
    end
  end
end
```

②
```
function varScope2
  nestfun1
  function nestfun1
    nestfun2
    function nestfun2
        x=5;
    end
  end
  x=x+3;
end
```

而下例函数中的参数调用是不合法的，是因为变量 x 分别处于两个独立的工作区：

```
function varScope3
    nestfun1
    nestfun2
    function nestfun1
        x=2;
    end
    function nestfun2
        x=x+3;
    end
end
```

嵌套函数的输出变量不为外部函数可见。

（5）递归函数——即在函数内部可以调用函数自身，形如：

```
% 函数文件 myfactor.m
function y=myfactor(n)
if (n<=1)
    y=1;
else
    y=n*myfactor(n-1);
end
```

可变输入输出变量个数的处理如下：

```
function A=convs(varargin)
A=1;
for i=1:length(varargin)
        A=conv(A,varargin[i]);
end
```

（6）函数句柄——可以理解成一个函数的代号或别名，调用函数句柄就等价于调用该函数。

函数句柄的定义： fhandle = @函数名

其中@的作用就是将一个函数的函数句柄赋值给左边的变量。

例如：
```
f = @sin;
y = f(pi/3)
```

（7）内联函数——MATLAB 中的内联函数借鉴了 C 语言中的内联函数，使用内联函数可以减少调用的时间和空间开销。

内联函数的定义： 函数名=inline('函数表达式', '变量 1', '变量 2'，...)

由于内联函数是存储于内存中而不是在 M 文件中，省去了文件访问的时间，加快了程序的运行效率。但内联函数只能定义一些简单的函数表达式。

例：
```
f = inline('x^2 + y^2','x','y');
y = f(2,3)
```

（8）匿名函数——匿名函数（anonymous function）是 MATLAB 7.0 版以后提出的一种全新的函数描述形式。和内联函数类似，可以让用户编写简单的函数而不需要创建 M 文件，因此，匿名函数具有内联函数的所有优点，并且效率比内联函数更高。

匿名函数的定义： fhandle = @ (输入参数列表)运算表达式

例：
```
f = @(x,y) x^2 + y^2;
y = f(2,3)
p = 3; q = 5;
f = @(x,y) x^p + y^q;
```
匿名函数支持变量替换。

2. 局部变量和全局变量

（1）局部变量（Local Variable）：函数工作空间内部的中间变量，产生于函数的运行过程中，其影响范围仅限于该函数本身。

（2）全局变量（Global Variable）：被不同函数工作空间和基本工作空间共享的变量。

定义格式：global 变量名

希望共享全局变量的函数空间或基本空间必须逐个用global对具体变量加以专门定义。

说明：

对全局变量的定义必须在被使用之前，变量之间用空格分隔，建议把对全局变量的定义放在函数体的首行位置；

希望共享全局变量的函数空间或基本空间都要用global对变量加以专门定义；

如果某函数的运行使全局变量的内容发生变化，那么其他空间中的同名变量也随之变化，除非与全局变量联系的所有工作空间都被删除，否则全局变量依然存在。实际编程中，并不提倡使用全局变量（因为它损害了函数的封装性）。

3. 函数参数的可调性

输入和输出变量数：nargin、nargout（可获取函数实际输入/输出变量数）。

在MATLAB函数中，引用的输入/输出函数的数目可少于编写的变量数目，但这时在函数设计中必须进行适当处理。

编写一个测试函数testarg1.m，要求：当输入为一个变量时，计算出这一变量的平方；当输入为两个变量时，求出这两个变量的乘积。

在命令窗口输入如下指令：

```
function c=testarg1(a,b)
if (nargin==1)
    c=a.^2;
elseif (nargin==2)
    c=a*b;
end

>>x=[2    4]; y=[5 6 7;2 4 9];
>>t1=testarg1(x), t2=testarg1(x,y)
t1 =
     4     16
t2 =
    18     28     50
```

编写一个求和的函数文件，其名为summ.m。程序如下：

```
function s=summ
global BEG END
```

```
k=BEG:END;
s=sum(k);
```

再编写 M 脚本文件 use.m 来调用 summ.m 函数文件，它们之间通过全局变量传递参数。程序如下：

```
global BEG END
BEG=1;
END=10;
s1=summ;
BEG=1;
END=20;
s2=summ;
```

4. MATLAB 程序调试

MATLAB 的调试器（Debug）可帮助找出编程中的错误，使用调试器可在执行中随时显示出工作空间的内容，查看函数调用的栈关系，并且可单步执行 M 函数代码。

（1）MATLAB 程序调试主要用来纠正两类错误：

1）格式错误：比如函数名的格式错误、缺括号等，MATLAB 可在运行程序时检测出大多数格式错误，并显示出出错信息和出错位置。这类错误很容易找到，然后加以纠正。

2）运行错误：这些错误通常发生在算法和设计错误上，例如修改了错误的变量，计算不正确等。运行错误一般不易找出位置，因此需要利用调试器工具来诊断。

（2）为了查找运行错误，可采用下列技术：

1）在运行错误可能发生的 M 函数文件中，删去某些语句句末的分号。这样可显示出一些中间计算结果，然后从中可发现一些问题；

2）在 M 文件的适当位置加上 keyboard 语句，当执行到这条语句时，MATLAB 会暂停执行，并将控制权交给用户。这时我们可检查和修改局部工作空间的内容，从中找到出错的线索，利用 return 命令可恢复程序的执行；

3）注释掉 M 函数文件中的函数定义行，即在该行之前加上%，将 M 函数文件转变成 M 脚本文件，这样在程序运行出错时，就可查看 M 文件中产生的变量；

4）使用调试器可查找程序的运行错误，因为它允许你访问函数空间，可设置和清除运行断点，还可以单步执行 M 文件，这些功能都有助于找到出错的位置。

- 设置或清除断点：使用快捷键 F12。
- 执行：使用快捷键 F5。
- 单步执行：使用快捷键 F10。
- step in：当遇见函数时，进入函数内部，使用快捷键 F11。
- step out：执行流程跳出函数，使用 Shift+F11 组合键。
- 执行到光标所在位置（没有快捷键，只能使用菜单来完成这样的功能）。
- 观察变量或表达式的值：将鼠标指针放在要观察的变量上停留片刻，就会显示出变量的值，当矩阵太大时，只显示矩阵的维数。
- 退出调试模式：没有设置快捷键，使用菜单或者快捷按钮来完成。

三、内容与要求

1．编写求矩形面积的函数 rect，当没有输入参数时，显示提示信息；当只输入一个参数时，则以该参数作为正方形的边长计算其面积；当有两个参数时，则以这两个参数作为长和宽计算其面积。

2．一个自然数是素数，且它的各位数字位置经过任意对换后仍为素数，则称为绝对素数。例如 13 是绝对素数。试求所有两位的绝对素数。

要求：定义一个判断素数的函数文件。

3．编写函数文件，通过流程控制语句，建立如下矩阵：

$$y=\begin{bmatrix} 0 & 1 & 2 & 3 & \cdots & n \\ 0 & 0 & 1 & 2 & \cdots & n-1 \\ 0 & 0 & 0 & 1 & \cdots & n-2 \\ \vdots & \vdots & \vdots & \vdots & & \vdots \\ 0 & 0 & 0 & 0 & \cdots & 0 \end{bmatrix}$$

4．已知 $y=\dfrac{f(40)}{f(30)+f(20)}$。

（1）当 $f(n)=n+10\ln(n^2+3)$ 时，求 y 的值；

（2）当 $f(n)=1\times2+2\times3+3\times4+\cdots+n\times(n+1)$ 时，求 y 的值。

5．设 $f(x)=\dfrac{1}{(x-2)^2+0.1}+\dfrac{1}{(x-3)^4+0.01}$，编写一个 MATLAB 函数文件 fx.m，使得调用 $f(x)$ 时，x 可用矩阵代入，得出的 $f(x)$ 为同阶矩阵。

实验 10 MATLAB 图形用户界面设计

一、实验目的

1．掌握菜单设计的方法。
2．掌握各种控件的属性和创建方法。
3．掌握图形用户界面设计工具的使用方法。

二、回顾与演练

1．设计菜单

（1）建立用户菜单

方法 1：使用 uimenu 函数

该函数可以用于建立一级菜单项和子菜单项。

1）建立一级菜单项的函数调用格式为：

一级菜单项句柄=uimenu(图形窗口句柄,属性名 1,属性值 1,属性名 2,属性值 2,...)

2）建立子菜单项的函数调用格式为：

子菜单项句柄=uimenu(一级菜单项句柄,属性名 1,属性值 1,属性名 2,属性值 2,...)

注意：

1）两种调用格式的区别：建立一级菜单项时，要给出图形窗口句柄。否则，在当前窗口中建立菜单项。如果没有活动窗口，则会自动打开一个图形窗口；而建立子菜单项时，必须指定一级菜单项对应的句柄值。

2）菜单对象常用属性，如表 1.10.1 所示。

表 1.10.1　菜单对象常用属性

属性名	属性值及作用
Label	取值'字符串'，用于定义菜单项的名字。可以在字符串中加(&)——对应于下划线，可用 Alt 键激活
Accelerator	取值任何字母，用于定义菜单的快捷键
Callback	取值字符串，可以是某个 M 文件的文件名或一组 MATLAB 命令。该菜单被选中后，自动调用此回调函数
Checked	取值'on'或'off'，为菜单项定义一个标记，指明菜单项是否被选中
Enable	取值'on'或'off'，控制菜单项的可选择性。不可用时，该菜单呈现灰色
Position	定义一级菜单在菜单栏上的相对位置或子菜单项在菜单组内的相对位置，默认为 1——最左端
Separator	取值为'on'或'off'。可以用分隔线将将各菜单项分开

3）菜单操作步骤：

① 按要求建立图形窗口；

② 按要求建立第一个菜单项；

③ 按要求建立其子菜单项；

④ 按要求实现对应菜单项和子菜单项功能；

⑤ 对第二个菜单项，重复②～④；

⑥ 结束。

方法 2：使用 GUI 方式

【例 10-1】使用命令方式建立如图 1.10.1 所示的图形演示系统菜单，菜单条中含有 3 个菜单项：Plot、Option 和 Quit。其中：

Plot 中有 Sine Wave 和 Cosine Wave 两个子菜单项，分别控制在本图形窗口画出正弦和余弦曲线。

Option 菜单项的内容：Grid on、Grid off、Box on、Box off、Window Color（其下级菜单为 Red、Blue、Yellow、White），其中 Grid on 和 Grid off 控制给坐标轴加网格线，Box on 和 Box off 控制给坐标轴加边框，Window Color 控制图形窗口背景颜色。

Quit 控制是否退出系统。

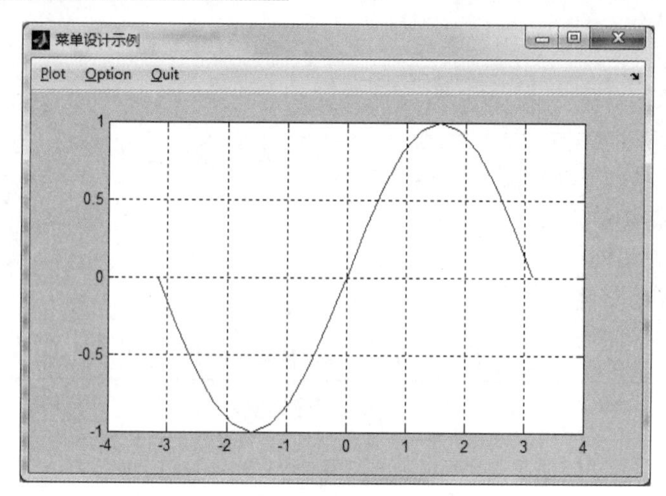

图 1.10.1 图形演示系统菜单

程序如下：

```
screen=get(0,'ScreenSize');
w=screen(3);
h=screen(4);
h=figure('Position',[0.3*h,0.3*h,0.5*w,0.5*h], 'Name',' 菜 单 设 计 示 例 ','NumberTitle', 'off',
'MenuBar','none');
c1=['t=-pi:pi/10:pi; plot(t,sin(t));grid on;'];
c2=['t=-pi:pi/10:pi; plot(t, cos (t));grid on;'];
hplot=uimenu(h,'Label','&Plot');
hplot1=uimenu(hplot,'Label','Sine Wave', 'callback',c1);
hplot2=uimenu(hplot,'Label','Cosin Wave', 'callback',c2);
hOption=uimenu(h,'Label','&Option');
hGridon=uimenu(hOption,'Label','&Grid on','Callback','grid on','Enable','on');
hGridoff=uimenu(hOption,'Label','G&rid off','Callback','grid off','Enable','on');
hBoxon=uimenu(hOption,'Label','&Box on','Callback','box on','Enable','on','separator','on');
hBoxoff=uimenu(hOption,'Label','B&ox off','Callback','box off','Enable','on');
hWincolor=uimenu(hOption,'Label','&Window Color','separator','on');
hRed= uimenu(hWincolor,'Label','&Red', 'Accelerator','r','call','set(h,''color'',''r'');');
hBule= uimenu(hWincolor,'Label','&Blue', 'Accelerator','b','call','set(h,''color'',''b'');');
hYellow= uimenu(hWincolor, 'Label','&Yellow','call','set(h,''color'',''y'');');
hBule= uimenu(hWincolor,'Label','&White','call','set(h,''color'',''w'');');
hquit=uimenu(h,'Label','&Quit','call','close(h)');
```

知识拓展：用 GUI 方法完成**【例 10-1】**

（2）快捷菜单

操作步骤如下：

1）利用 uicontextmenu 函数建立快捷菜单。

2）利用 uimenu 函数为快捷菜单建立菜单项。

3）利用 set 函数将该快捷菜单和某图形对象联系起来。

【例 10-2】绘制曲线 y=2sin(3x)cosx，并建立一个与之相联系的快捷菜单，用以控制曲线的线型、曲线宽度和颜色，如图 1.10.2 所示。

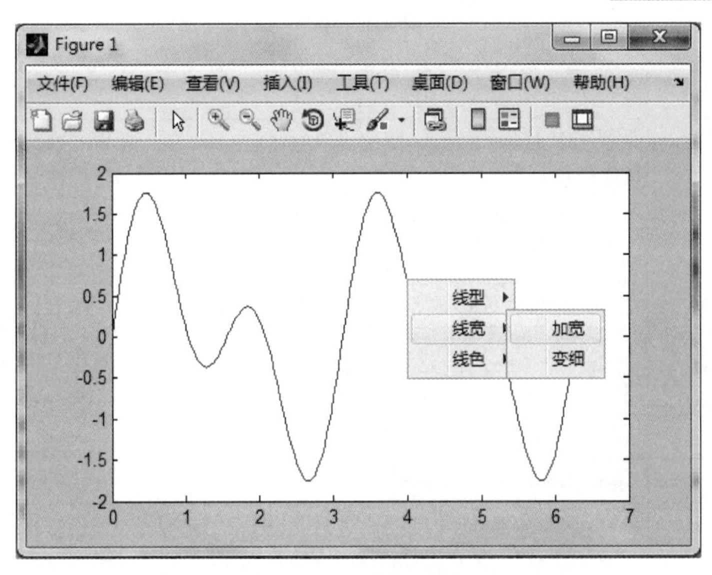

图 1.10.2 快捷菜单

程序如下：

```
x=0:pi/100:2*pi;
y=2*sin(3*x).*cos(x);
h=plot(x,y);
hc=uicontextmenu;    %建立快捷菜单
hls=uimenu(hc,'Label','线型');   %建立菜单项
hlw=uimenu(hc,'Label','线宽');
hlc=uimenu(hc,'Label','线色');
uimenu(hls,'Label','虚线','call','set(h,''LineStyle'','':'');');   %建立子菜单项并实现功能
uimenu(hls,'Label','实线','call','set(h,''LineStyle'',''-'');');
uimenu(hlw,'Label','加宽','call','set(h,''LineWidth'',2);');
uimenu(hlw,'Label','变细','call','set(h,''LineWidth'',0.5);');
uimenu(hlc,'Label','红色','call','set(h,''Color'',''r'');');
uimenu(hlc,'Label','绿色','call','set(h,''Color'',''g'');');
uimenu(hlc,'Label','黄色','call','set(h,''Color'',''y'');');
set(h,'UicontextMenu',hc);         %将快捷菜单和曲线关联
```

2. 用户界面设计

方法 1：使用 uicontrol 函数

格式：h_control=uicontrol(h_Parent,'PropertyName',ProperValue,...)

有关常用控件对象的属性如表 1.10.2 所示。

表 1.10.2 常用控件对象的属性

属性名	属性值
Position	[x,y,w,h]，它们的单位由 Units 属性决定
Units	pixel、normalized、inches、centiments、points
Callback	取值为字符串，实现该控件的实质性功能
String	取值为字符串，定义控件对象的说明文字

续表

属性名	属性值
Style	定义控件对象的类型，取值可以是 push、toggle、radio、check、list、popup、edit、text、slider 等
Enable	该控件的启用状态'on'或'off'
Tooltipstring	鼠标指针位于该控件时的提示信息显示
FontName	取值是控件对象标题等使用字体的字库名
FontSize	字号大小
FontAngle	取值为 normalized、italic、oblique
FontUnits	points、normalized、inches、centiments、Pixel
FontWeight	normalized、light、demi、bold
Horizontal Alignment	left、center、right 决定控件对象上说明文字在水平方向上的对齐方式
Max 和 Min	取值为数值，默认值为 1、0
Value	属性的取值可以是向量也可以是数值

注意：对于不同的控件对象（radio、check、slider、list popup），其 Max、Min 以及 Value 值的含义有所不同。

用户界面设计的操作步骤：

1）按要求建立图形窗口；

2）按要求建立第一个控件对象；

3）按要求设置控件对象的属性；

4）按要求实现对应控件对象的功能；

5）重复 2）～4）；

6）结束。

【例 10-3】使用命令方式建立按钮对象，单击时绘制正弦函数，同时建立双位按钮，控制是否给坐标加网格线，如图 1.10.3 所示。

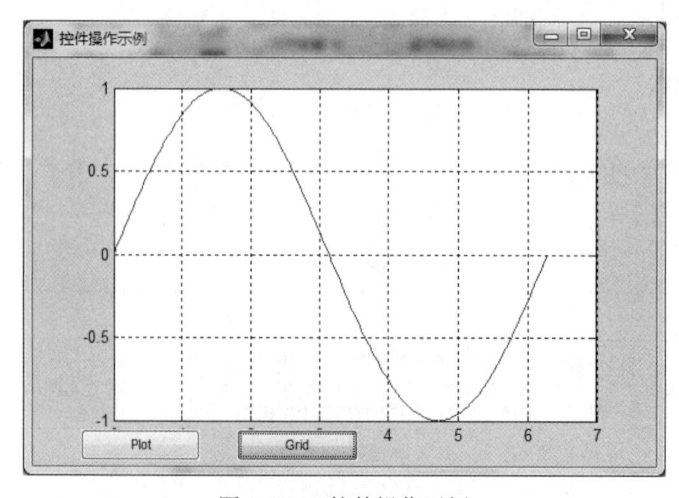

图 1.10.3 控件操作示例

程序如下：

```
screen=get(0,'ScreenSize');
w=screen(3);
h=screen(4);
h=figure('Position',[0.3*h,0.3*h,0.5*w,0.5*h], 'Name',' 控 件 操 作 示 例 ','NumberTitle', 'off',
'MenuBar','none');
uicontrol(h,'Style','push','Position',[40,5,100,25],...
    'String','Plot','call','x=0:pi/100:2*pi;plot(x,sin(x))')
uicontrol(h,'Style','toggle','Position',[170,5,100,25], 'String','Grid','call','grid')
```

方法 2： 使用 GUI

（1）GUI 操作步骤：

1）在>>下输入 guide 启动 GUI 设计工具；

2）图形用户界面的设计，即在界面上添加控件并设置控件的属性；

3）功能设计，即在相关控件的 Callback 函数名称下面写入程序代码；

4）调试保存并运行程序。

（2）GUI 使用的若干问题：

1）关于回调函数 Callback 的参数问题

每一个 GUI 图形界面都有一个和自己的界面图形（figure）相联系的 handles 数据结构，在这个数据结构中容纳了图形界面内所有控件（按钮、列表框、编辑框等）的句柄，相当于一个大的"容器"，里面存放了 figure 内所有控件的句柄。同时，handles 结构也可以被 figure 内所有控件的回调函数访问，因为回调函数的输入参数中都有 handles 结构。此外，在控件的回调函数内可以把数据存储到 handles 结构中。

每一个控件的回调函数头为：function myc_Callback(hObject, eventdata, handles)。其中第 1 个参数是 hObject，是跟这个 Callback 所关联的控件的 handles，在它自己的 Callback 下，可以用代号→hObject 来调用它。不用管那么麻烦的概念，只用知道，控件自己的回调函数调用自己的属性，只用"hObject.属性名"就可以了（中间有个点号）。第 2 个参数是 MATLAB 的保留参数。第 3 个 handles 是这个 GUI 界面的代号。可以通过它获取这个界面的所有信息。所以在一个控件的回调函数中要获取或者设置别的控件的属性，就用"handles.别的控件 Tag.属性"。

例如，在编辑框 edit 的回调函数内想获得编辑框的句柄，hObject 与 handles.edit 两个值是一样的，没有区别，只不过获得控件句柄的方式不同而已：hObject 是调用回调函数时直接传过来的，handles.edit 是从 handles 结构中取得的。但是，在控件的 CreateFcn 函数中如果想访问控件，必须用 hObject，而不能用 handles.edit，因为这时控件还没有被创建，其句柄还没有加入到 handles 结构中。

但在各控件的回调函数中，hObject 的值是不一样的，分别代表调用回调函数的控件的句柄，而 handles 结构却是一样的。这种机制便于在 figure 内的不同控件的回调函数内传递数据。

2）获得和设置控件的属性值

设置： set(handles.你控件的 tag,'要设置的属性名','要设置的属性值')

获取： get(handles.你控件的 tag,'要获取的属性名')

3）在不同控件之间传递数据

handles 格式好似一个存放数据的缸。控件的 handles 是小缸，它的名字叫做 hObject；它们都是结构体类型。GUI 界面的 handle 是一个大缸，并且这个缸名字也叫做 handles；大缸里存放了所有的小缸和所有用户数据，你只需要“handles.控件 A 的 tag”就可以存取控件 A 的信息。

给 handles 结构体添加新字段并赋值，即在这个函数体的任何地方使用：

```
handles.mydata=X;    %其中 mydata 是自己的变量名，X 要保存的数据
```

并用 guidata 函数保存数据，即

```
guidata(hObject,handles) %其中 hObject 是执行回调的控件对象的句柄
```

在另一个回调函数中提取数据，使用命令 X=handles.mydata;，就可以得到这个变量值，同样也可以修改它。

4）在不同 GUI 之间传递数据

打开一个 GUI 界面的函数格式如下：

```
function mygui_OpeningFcn(hObject, eventdata, handles, varargin)
```

所有的启动参数都是通过 varargin 传到它的 OpeningFcn 里面的。

例如：打开这个 GUI 时，使用命令 mygui('Position',[434 234 234 34])则表示在这个位置打开窗口。

如果传入的参数不是 figure 属性而是自定义参数，则你输入的参数作为一个向量存放在 varargin 里面。例如 mygui('路人甲','80')，那 varargin{1}存放了'路人甲'，varargin{2}='80'在 GUI 任意地方，将你要输出的数据存放在 handles.output 里面，如：

```
handles.output=数据 1;
handles.secend_output=数据 2;
```

然后在 GUI 的 outputFcn 里面加上

```
varaginout{1}=handles.output;
varaginout{2}=handles.secend_output;
```

【例 10-4】使用 GUI 方式制作一个简易的加法计算器。

设计步骤：

（1）在界面上放置两个可编辑文本框、三个静态文本框与两个命令按钮，如图 1.10.4 所示。

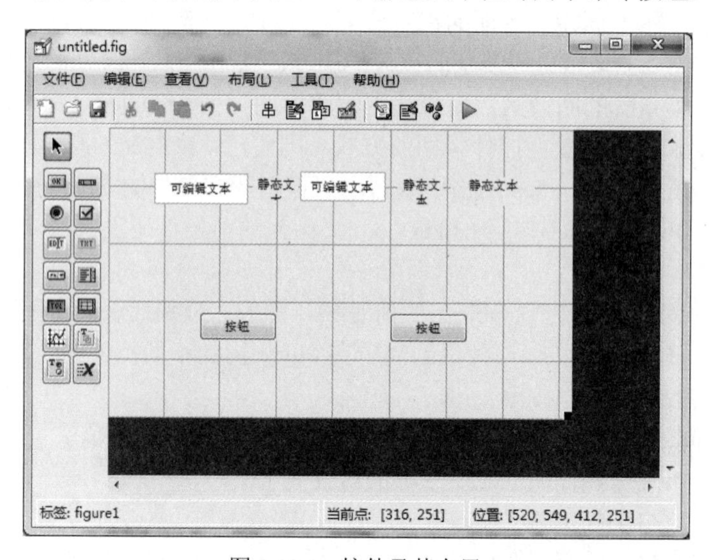

图 1.10.4　控件及其布局

（2）使用对象的属性窗口设置控件的属性，如图 1.10.5 所示。

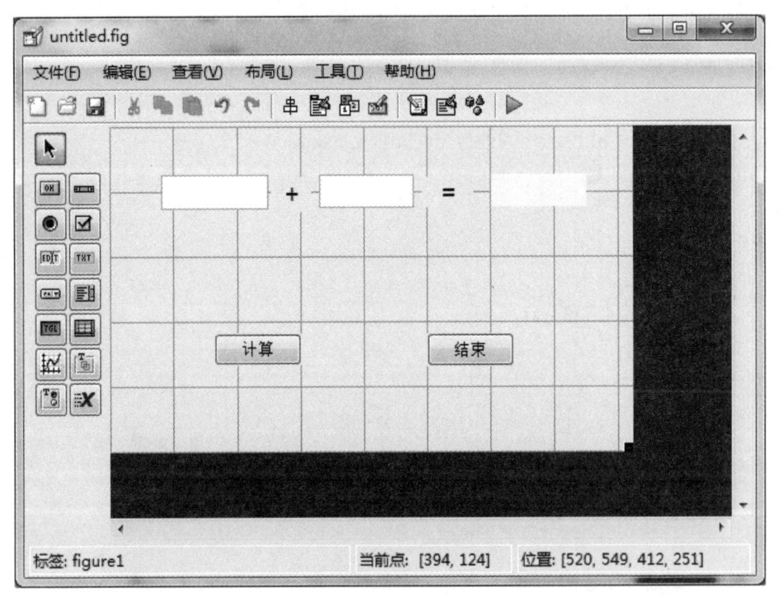

图 1.10.5　属性设置

（3）打开该 GUI 的 M 文件 ex11.m，如图 1.10.6 所示。在函数 pushbutton1_Callback 与 pushbutton2_Callback 中加入代码，如下所示：

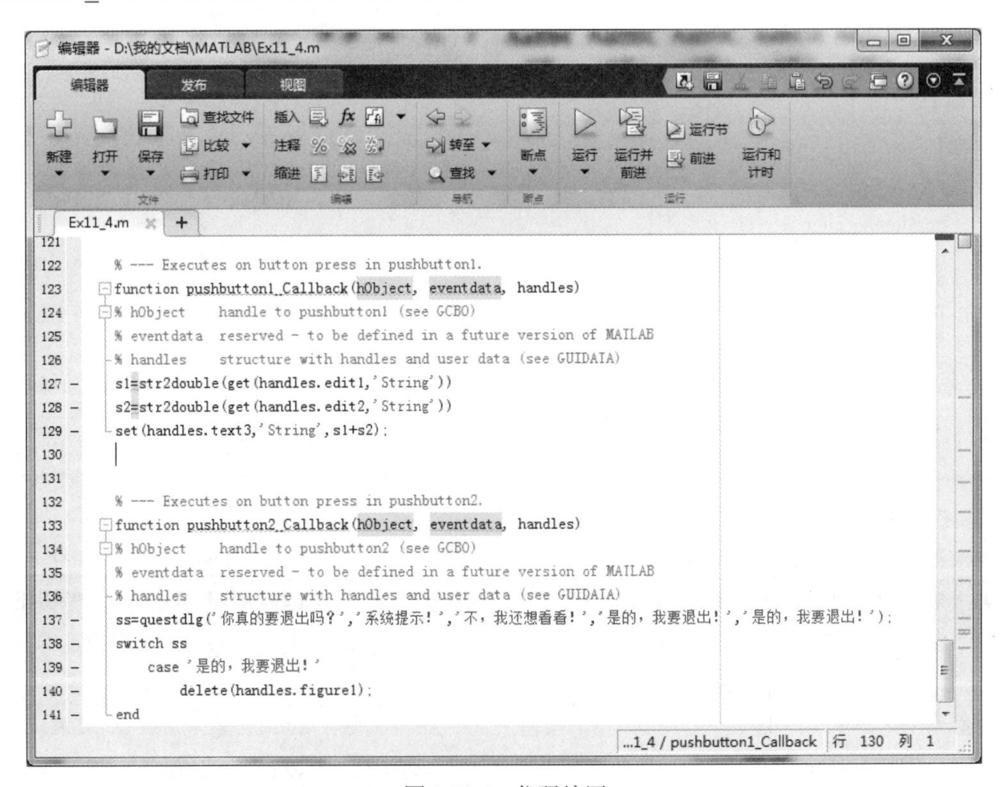

图 1.10.6　代码编写

```
function pushbutton1_Callback(hObject, eventdata, handles)
s1=str2double(get(handles.edit1,'String'))
s2=str2double(get(handles.edit2,'String'))
set(handles.text1,'String',s1+s2);

function pushbutton2_Callback(hObject, eventdata, handles)
ss=questdlg('你真的要退出吗？','系统提示！','不，我还想看看！','是的，我要退出！','是的，我要退出！');
switch ss
    case '是的，我要退出！'
        delete(handles.figure1);
end
```

（4）运行程序，结果如图 1.10.7 所示。

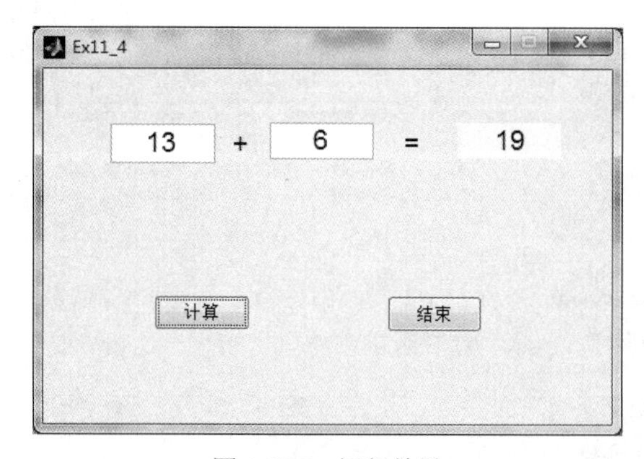

图 1.10.7　运行结果

拓展：调用 fig 文件的方法如下：

```
f=openfig('文件名');
handles=guihandles(f);
guidata(fig,handles);
```

三、内容与要求

1．先利用缺省属性绘制曲线 $y = x^2 e^{2x}$ ，然后通过图形句柄操作来改变曲线的颜色、线型和线宽，并利用文字对象给曲线添加文字标注 $y = x^2 e^{2x}$ 。

2．菜单设计

1）菜单条中含有 File 和 Help 两个菜单项。

要求：如果选择 File 中的 New 子菜单，则将显示 New Item 字样，如果选择 File 中的 Open 子菜单，则将显示出 Open Item 字样。File 中的 Save 子菜单初始时处于禁选状态，如果选择 File 中的 Save 子菜单，则将显示出 Save Item 字样。如果选择 Help 中的 About...子菜单，则将显示 Help Item 字样，并将 Save 菜单设置成可选状态。如果选择 File 中的 Exit 子菜单，则将关闭当前窗口。

2）绘制一条抛物线，创建一个与之相联系的快捷菜单，用以控制曲线的颜色。

3．设计如图 1.10.8 所示的图形用户界面：

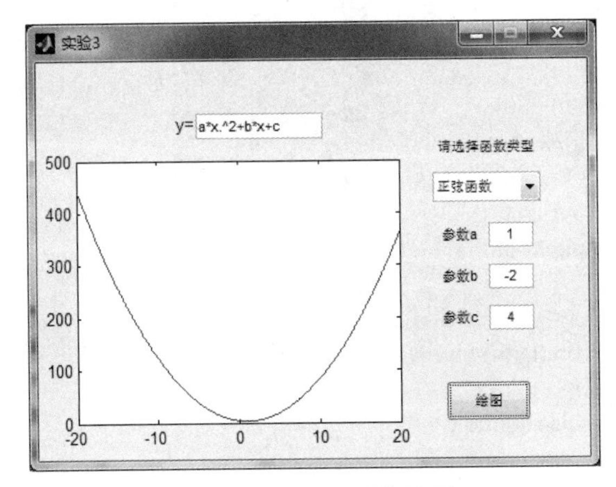

图 1.10.8　图形用户界面

实现以下功能：

1）在坐标轴中能够绘制 $y = a\sin(bx + c)$ 和 $y = ax^2 + bx + c$ 图形，横坐标的范围为[-20,20]。

2）弹出框选择函数的类型，当选定某一类型后，在坐标轴上方的文字框内将显示函数的表达式。

3）在右侧的三个参数方框内可以输入参数值。

4）点击右下角的“绘图”按钮，将在坐标轴中绘制选定类型下的函数图形。

注：实验报告中只需给出用户界面截图及关键控件和对象的 Callback 函数代码。

4．设计一个按学期和科目查询的学生成绩查询系统，如图 1.10.9 所示：

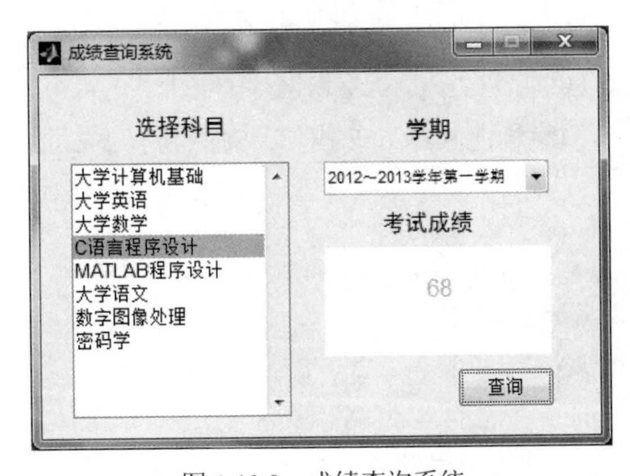

图 1.10.9　成绩查询系统

注：

1）将 popupmenu 控件的 String 属性设为 4 行字符，分别为：“2012～2013 学年第一学期”“2012～2013 学年第二学期”“2013～2014 学年第一学期”“2013～2014 学年第二学期”。

2）listbox 控件实现多行选择，需将 max 和 min 属性设置一下，使 max-min 不小于你要选的行数。

3）查询按钮 Callback 代码：

```
function pushbutton1_Callback(hObject, eventdata, handles)
% hObject       handle to pushbutton1 (see GCBO)
% eventdata    reserved - to be defined in a future version of MATLAB
```

```
% handles    structure with handles and user data (see GUIDATA)
score=[59    19    97    68    0    77    89    94
       63    64    60    84    83    54    34    58
       37    93    40    75    77    86    79    66
       50    39    83    52    15    56    88    55];
subject=get(handles.listbox1,'Value');
term=get(handles.popupmenu1,'Value');
str='';
for k=1:length(subject)
    str2=num2str(score(term,subject(k)));
    str=char(str,str2);
    set(handles.text4,'String',str);
end
```

思考题

1．菜单设计的基本思路是什么？
2．在 MATLAB 中，GUI 的设计方式有哪两种？各有何特点？
3．在 MATLAB 应用程序的用户界面中，常用的控件有哪些？作用如何？

实验 11　Simulink 仿真

一、实验目的

1．熟悉 Simulink 的操作环境及常用模块功能。
2．熟练掌握 Simulink 模型的创建、连接和运行方法。
3．对简单系统的数学模型构建 Simulink 模型并进行仿真调试与分析。

二、回顾与演练

1．熟悉 Simulink 的操作环境及常用模块功能

Simulink 模块库能够对系统进行有效管理和组织，使用模块库可以按类型选择适当的模块、获得系统模块的简单描述。

（1）输入信号源模块库（Sources）

输入信号源模块是用来向模型提供输入信号。常用的输入信号源模块如表 1.11.1 所示。

表 1.11.1　常用的输入信号源模块

名称	模块形状	功能说明
Constant	1 Constant	恒值常数，可设置数值
Step	Step	阶跃信号
Ramp	Ramp	线性增加或减小的信号
Sine Wave	Sine Wave	正弦波输出
Signal Generator	Signal Generator	信号发生器，可以产生正弦、方波、锯齿波和随机波信号

续表

名称	模块形状	功能说明
From File	untitled.mat From File	从文件获取数据
From Workspace	simin From Workspace	从当前工作空间定义的矩阵读数据
Clock	Clock	仿真时钟，输出每个仿真步点的时间
In	1 In1	输入模块

（2）接收模块库（Sinks）

接收模块是用来接收模块信号的，常用的接收模块如表 1.11.2 所示。

表 1.11.2　常用的接收模块

名称	模块形状	功能说明
Scope	Scope	示波器，显示实时信号
Display	Display	实时数值显示
XY Graph	XY Graph	显示 X-Y 两个信号的关系图
To File	untitled.mat To File	把数据保存为文件
To Workspace	simout To Workspace	把数据写成矩阵输出到工作空间
Stop Simulation	STOP Stop Simulation	输入不为零时终止仿真，常与关系模块配合使用
Out	1 Out1	输出模块

（3）常用模块库（Commonly Used Blocks）

从其他模块库中抽取出来，常用的模块如表 1.11.3 所示。

表 1.11.3　常用模块库

名称	模块形状	功能说明	来自
Terminator		中止没有连接的输出端口	Signals Routing
Bus Selector		从信号总线中选择信号	
Mux		多路信号传输器	
Demux		多路信号分离器	
Switch		在两个输入之间切换	
Constant	1	生成一个常量值	Sources
Sum	+ +	求和	Math
Gain	1	求模块的输入量乘以一个数值	
Product	×	求两个输入量的积或商	
Relational Operator	<=	关系运算	
Logical Operator	AND	逻辑运算	

（4）数学运算模块库（Math）

表 1.11.4　常用的数学运算模块库

名称	模块形状	功能说明
Abs	|u|	求绝对值
Algebraic Constraint	Solve f(z)=0	将输入信号抑制为 0
Add	+ +	求和
Dot Product	·	求点积
Gain	1	求模块的输入乘以一个数值
Math Function	e^u	数学函数
Matrix Concatenation	Horiz Cat	矩阵级联
MinMax	min	求输入的最小或最大值
Product	×	求输入的积或商
Rounding Function	floor	取整函数
Sign		符号函数
Sum	+ +	求和
Trigonomextric Function	sin	求三角函数

（5）用户自定义函数模块库（User-defined Functions）

表 1.11.5　用户自定义函数模块库

名称	模块形状	功能说明
Fcn		对输入应用指定的表达式
Matlab Fcn		对输入应用一个 MATLAB 函数或表达式

（6）连续系统模块库（Continuous）

连续系统模块是构成连续系统的环节，常用的模块如表 1.11.6 所示。

表 1.11.6　常用的连续系统模块库

名称	模块形状	功能说明
Integrator	$\frac{1}{s}$ Integrator	积分环节
Derivative	du/dt Derivative	微分环节
State-Space	x' = Ax+Bu y = Cx+Du State-Space	状态方程模型
Transfer Fcn	$\frac{1}{s+1}$ Transfer Fcn	传递函数模型
Zero-Pole	$\frac{(s-1)}{s(s+1)}$ Zero-Pole	零极点增益模型
Transport Delay	Transport Delay	把输入信号按给定的时间做延时

（7）离散系统模块库（Discrete）

离散系统模块是用来构成离散系统的环节，常用的离散系统模块如表 1.11.7 所示。

表 1.11.7　常用的离散系统模块

名称	模块形状	功能说明
Discrete Transfer Fcn	$\frac{1}{z+0.5}$ Discrete Transfer Fcn	离散传递函数模型
Discrete Zero-Pole	$\frac{(z-1)}{z(z-0.5)}$ Discrete Zero-Pole	离散零极点增益模型
Discrete State-Space	Discrete State-Space	离散状态方程模型
Discrete Filter	$\frac{1}{1+0.5z^{-1}}$ Discrete Filter	离散滤波器
Zero-Order Hold	Zero-Order Hold	零阶保持器
First-Order Hold	First-Order Hold	一阶保持器
Unit Delay	$\frac{1}{z}$ Unit Delay	采样保持，延迟一个周期

2. Simulink 模型的创建和运行

（1）创建模型。

1）在 MATLAB 的命令窗口中输入 Simulink 语句，或者单击 MATLAB“主页”选项卡中的 Simulink 库图标，将启动 Simulink 模块库浏览器。

2）单击 MATLAB“主页”选项卡中新建→Simulink Model 或库浏览器菜单中选择 File→New→Model，或者单击库浏览器的工具栏图标，即可新建一个 untitled 的空白模型窗口。

3）打开 Sources 模块库，选择 Sine Wave 模块，将其拖到模型窗口，再重复一次操作；打开 Math Operations 模块库选取 Product 模块；打开 Sinks 模块库选取 Scope 模块。

（2）设置模块参数。

1）修改模块注释。用单击模块的注释处，出现虚线的编辑框，在编辑框中修改注释。

2）双击下边 Sine Wave 模块，弹出参数对话框，将 Frequency 设置为 100；双击 Scope 模块，弹出示波器窗口，然后单击示波器图标，弹出参数对话框，修改示波器的通道数 Number of axes 为 3。

3）如图 1.11.1 所示，用信号线连接模块。

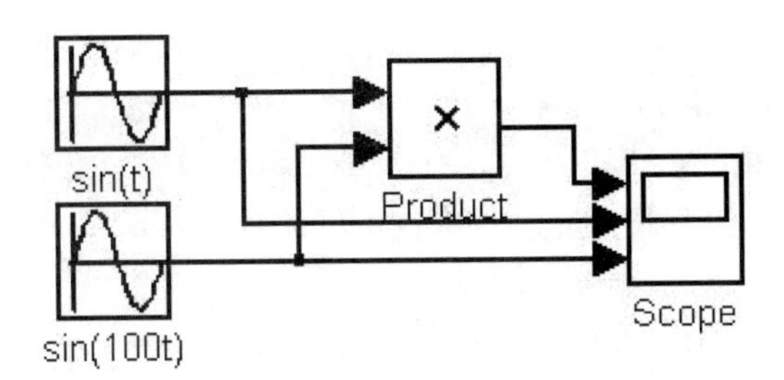

图 1.11.1　连接模块

（3）启动仿真

1）单击工具栏上的▶图标或者选择 Simulation→Run 菜单项，启动仿真；然后双击 Scope 模块弹出示波器窗口，可以看到波形图。

2）修改仿真步长。在模型窗口的 Simulation 菜单下选择 Model Configuration Parameters 命令，把 Max step size 设置为 0.01；启动仿真，观察波形是不是比原来光滑。

3）再次修改 Max step size 为 0.001；设置仿真终止时间为 10 s；启动仿真，单击示波器工具栏中的按钮，可以自动调整显示范围，可以看到波形的起点不是零点，这是因为步长改小后，数据量增大，超出了示波器的缓冲。

4）将示波器的参数对话框打开，选择 History 选项卡，把 Limit data point to last 设置为 10000；再次启动仿真，观察示波器将看到完整的波形。

（4）操作总结

1）打开一个空白的 Simulink 编辑窗口；

2）进入 Simulink 模块库浏览界面，将模块库中所需模块复制到编辑窗口里，并依照给定的框图修改编辑窗口中模块的参数；

3）将各个模块按给定的框图连接起来，搭建所需系统模型；

4）用菜单选择或命令窗口键入命令进行仿真分析，在仿真的同时，可以观察仿真结果，如果发现有不正确的地方，可以停止仿真，对参数进行修正；

5）如果对结果满意，可以将模型保存。

3. 对简单系统的数学模型构建 Simulink 模型并进行仿真调试与分析

若用 $p(n)$表示某一年的人口数目，其中 n 表示年份，根据人口学理论，则它与上一年的人口 $p(n\text{-}1)$，人口繁殖速率 r，以及新增资源所能满足的个体数目 K 之间的动力学方程由如下的差分方程描述：

$$p(n) = rp(n-1)\left[1 - \frac{p(n-1)}{K}\right]$$

现在如果假设人口初始值 $P(0)$为 10000 人，人口繁殖速率 r 为 1.1，新增资源所能满足的个体数目 K=1000000，请建立此人口动态变化系统的模型，并对 0 至 200 年之间的人口数目变化趋势进行仿真。

解题步骤：

1）打开模块库浏览器，然后新建一个模型窗口。

2）从上面的差分方程可以看出，这个人口变化系统为一个非线性离散系统。所需模块分别是 Product（求两个输入量的积或商）、两个 Gain（增益模块，求模块的输入量乘以一个数值）、Scope（示波器）、Unit Delay（其主要功能是将输入信号延迟一个采样时间）、Constant（生成一个常量值）、Sum（求和）模块。结果如图 1.11.2 所示。

3）调整 Gain1 和 Constant 模块方向。右击 Constant 模块，选择 Format 菜单后，再选择 Flip Block 子菜单项，将模块旋转 180 度；右击 Gain1 模块，选择 Rotate Block 菜单项，将模块顺时针方向旋转 90 度。

4）设置系统模块参数。增益模块 Gain 表示人口繁殖速率，双击该模块，将 Gain 取值为 1.1；模块 Gain1 表示新增资源所能满足的个体数目的倒数，故取值为 1/1000000；双击 Sum 模块，将 List of signs 设置为|-+；双击 Unit Delay 模块，将 Initial conditions（初始条件）设置

为 10000，相当于人口的初始条件，Sample time 设置为 1。

5）连线。用线将各模块连接起来。对于人口变化系统模型而言，需要将 $p(n)$作为 Unit Delay 模块的输入以得到 $p(n-1)$，然后按照系统的差分方程来建立人口变化系统的模型。从而形成如图 1.11.2 所示的系统。

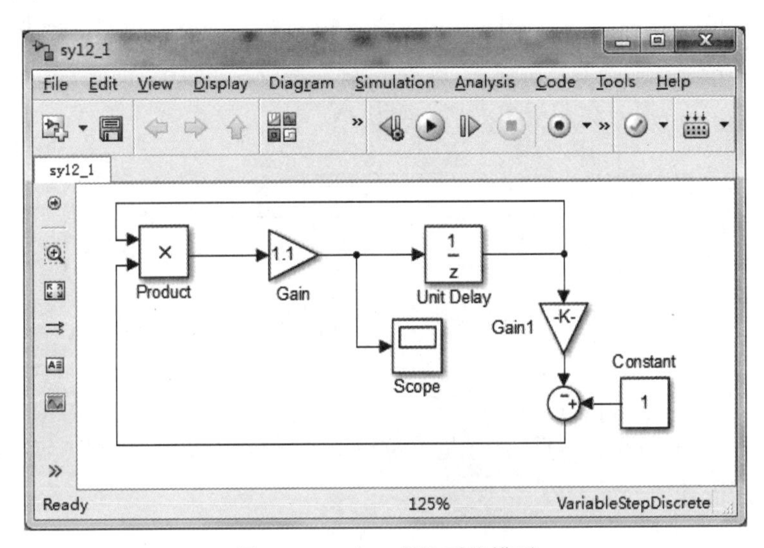

图 1.11.2 人口变化系统模型

6）设置人口变化系统的仿真参数。设置系统仿真时间范围为 0～200，求解器选项：Type（类型）Variable-step；Solver（求解器）Discrete(no continuous states)。

在对系统中各模块参数以及系统仿真参数进行正确设置之后，运行系统仿真，对人口数目在指定的时间范围之内的变化趋势进行分析。系统仿真输出结果如图 1.11.3 所示。

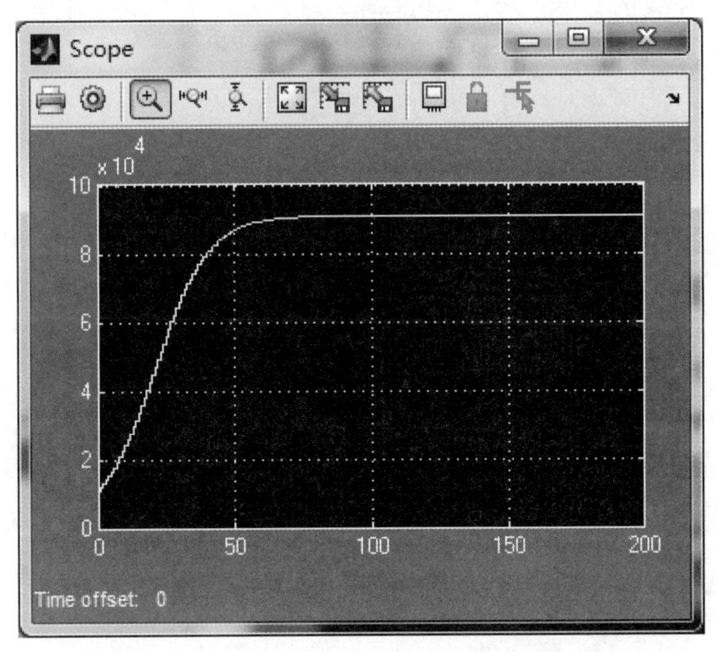

图 1.11.3 0～200 年之间人口变化系统的仿真结果

三、内容与要求

1．建立一个简单模型，用信号发生器产生一个幅度为2V、频率为0.5Hz（1Hz=2*pi rad/sec）的正弦波，并叠加一个0.1V的噪声信号，将叠加后的信号显示在示波器上并传送到工作空间。

2．利用Simulink仿真计算 $y=\int \sin t\mathrm{d}t$ ，设置积分器Interator的初值为0和1，分别输出 y 的曲线，分析此时曲线的意义。

3．利用Simulink仿真求出如下系统的响应曲线。

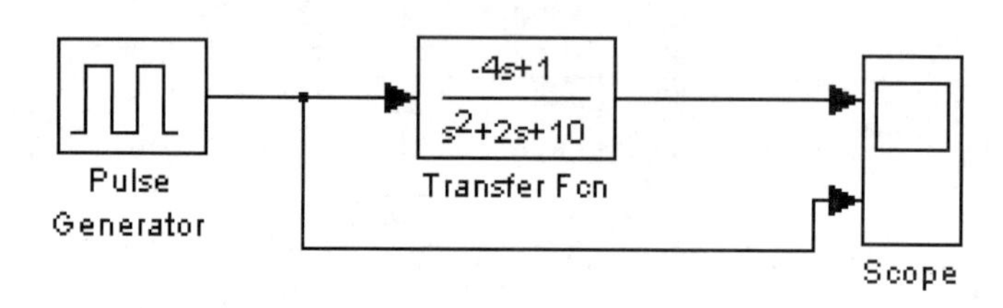

*4．假设从实际应用领域（力学、电学、生态或社会）中，抽象出初始状态为0的二阶微分方程 $x''+0.2x'+0.4x=0.2u(t)$ ， $u(t)$ 是单位阶跃函数。用积分器直接构造求解微分方程的模型exm1.mdl并仿真。

实验12　MATLAB数据交换技术

一、实验目的

1．掌握Notebook的安装、启动和使用。

2．熟悉MATLAB与Word/Excel的相互操作。

3．熟悉MATLAB中文件的读写和数据的导入与导出。

二、回顾与演练

1．MATLAB与Word的相互操作

（1）在Word环境下使用MATLAB

1）Notebook的安装与启动

① 安装配置

```
>>notebook -setup
```

② 启动

I．从MATLAB中启动Notebook

```
>> notebook   或   >> notebook 文件名
```

II．从Word中启动Notebook

启动Word，单击“文件”→“打开”选项，在弹出的对话框中选择MATLAB\R2014a\notebook\pc下的M-book.DOT模板文件。

此时将会增加“加载项”选项卡，如图1.12.1所示。

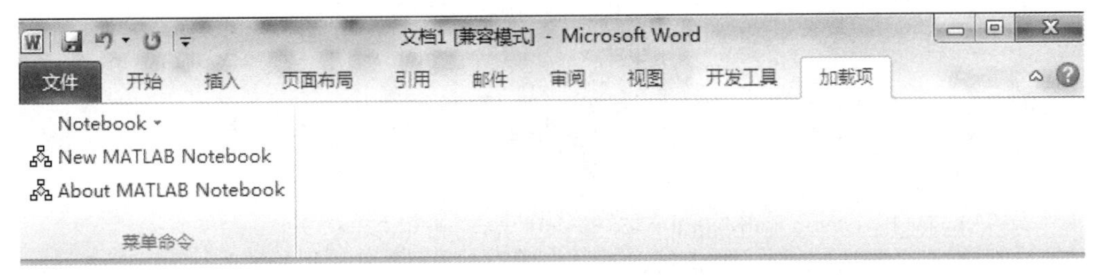

图 1.12.1　“加载项”选项卡

2）单元的使用

在 M-book 文档中定义输入单元，要求产生一个 5 阶魔方矩阵，并求相应的逆矩阵和各元素的倒数矩阵。

操作步骤如下：

① 在文档中输入 MATLAB 命令：

```
X=magic(5)
Y=inv(X)
Z=X.^(-1)
```

② 选中命令行，在“加载项”选项卡下 Notebook 菜单项中选择 Define Input Cell 命令或直接按 Alt+D 组合键。

③ 选择 Notebook 菜单项中的 Evaluate Cell 命令或直接按 Ctrl+Enter 组合键执行。

3）单元组的使用

对下列循环结构使用单元组：

```
clear
x=0:pi/20:2*pi;
for k=1:10
    y=k*sin(x);
    plot(x,y);
    hold on
end
hold off
```

（2）在 MATLAB 环境下使用 Word

阅读下面程序，理解相应语句的含义，然后调用下面的函数。

```
function ceshi_Word(filespec_user)
%判断 Word 是否已经打开，若已打开，在打开的 Word 中进行操作，否则打开 Word
    try
      myWord = actxGetRunningServer('Word.Application');
    catch
      myWord = actxserver('Word.Application');
    end
    %设置 Word 属性为可见
    myWord.Visible=1;
    %若文件存在，打开；否则，新建一个文件
    if exist(filespec_user,'file');
      mydoc = myWord.Documents.Open(filespec_user);
    else
```

```
        mydoc = myWord.Documents.Add;
    end
    %页面设置
    mydoc.PageSetup.TopMargin = 60;
    mydoc.PageSetup.BottomMargin = 45;
    mydoc.PageSetup.LeftMargin = 45;
    mydoc.PageSetup.RightMargin = 45;
    %设定内容起始位置和标题
    mydoc.Content.Start=0;
    mydoc.Content.Text='测　试　文　件';
    myWord.Selection.ParagraphFormat.Alignment=1;   %居中
    %设定标题字体格式
    mydoc.Content.Font.Size=16;
    mydoc.Content.Font.Bold=1;
    %设定下面内容的起始位置
    myWord.Selection.Start=mydoc.Content.End;
    %另起一段
    myWord.Selection.TypeParagraph;
    %如果当前工作文档中有图形存在，通过循环将图形全部删除
    if mydoc.Shapes.Count~=0;
        for i=1:mydoc.Shapes.Count;
            mydoc.Shapes(1).delete;
      end;
    end;
    %随机产生标准正态分布随机数，画直方图，并设置图形属性
    zft=figure('units','normalized','position',...
    [0.280469 0.553385 0.428906 0.251302],'visible','off');
    set(gca,'position',[0.1 0.2 0.85 0.75]);
    data=normrnd(0,1,1000,1);
    hist(data);
    grid on;
    xlabel('考试成绩');
    ylabel('人数');
    %将图形复制到粘贴板
    hgexport(zft, '-clipboard');
    %将图形粘贴到当前文档里，并设置图形属性为嵌入型
    myWord.Selection.Range.PasteSpecial;
    myWord.ActiveDocument.Shapes.Item(1).WrapFormat.Type=7;
    %删除图形句柄
    delete(zft);
    %保存测试文档，WORD2010 以前版本请用 SaveAs
    myWord.ActiveDocument.SaveAs2(filespec_user);
    myWord.Quit;      %退出
    myWord.delete;  %删除对象
end
```

2. MATLAB 与 Excel 的相互操作

（1）MATLAB 与 Excel 之间数据读写

1）用 MATLAB 从 Excel 中读取数据

```
[num,txt]=xlsread(filename,sheet,xlRange)
```

其中：num 为读取区域的数据，txt 为读取区域的文本，可选。

例：data = xlsread('E:\book1');

如果读取数值的同时想读取 Excel 中的文字，可以使用下面的命令：

[data,text] = xlsread('E:\book1');

2）用 MATLAB 将数据写入 Excel

xlswrite(filename, M, sheet, xlRange)

例：xlswrite('E:\text.xls',M,sheet2,'A3:E5')

M 为要写入的数据，可以是矩阵也可以是 cell 类型。

（2）利用 MATLAB 生成 Excel 文档

阅读下面程序，理解相应语句的含义，然后调用下面的函数。

```
function ceshi_Excel(filespec_user)
    %建立 Excel 文件示例
    %输入参数：字符型，带路径的文件名
    if isempty(filespec_user)
        msgbox('您没有选择文件，请重新选择!','错误提示','error');
        return;
    end
    %判断 Excel 是否已经打开，若已打开，在打开的 Excel 中进行操作，否则打开 Excel
    try
      myExcel=actxGetRunningServer('Excel.Application');
    catch
      myExcel = actxserver('Excel.Application');
    end;
    %设置 Excel 属性为可见
    myExcel.Visible=1;
    %若测试文件存在，打开该测试文件，否则，新建一个工作簿
    if exist(filespec_user,'file')
        myExcel.Workbooks.Open(filespec_user);
    else
        myExcel.Workbooks.Add;
    end
    %更改工作表名称为：Excel 测试
    myExcel.ActiveWorkBook.Sheets.Item(1).name = 'Excel 测试';
    %使 Sheets1 成为活动工作表
    myExcel.ActiveWorkBook.Sheets.Item(1).Activate
    %如果当前工作表中有图形存在，通过循环将图形全部删除
    if myExcel.ActiveSheet.Shapes.Count~=0;
        for i=1:myExcel.ActiveSheet.Shapes.Count;
            myExcel.ActiveSheet.Shapes.Item(1).Delete;
```

```
        end;
    end;
    %随机产生标准正态分布随机数，画直方图，并设置图形属性
    zft=figure('units','normalized','position',...
    [0.280469 0.553385 0.428906 0.251302],'visible','off');
    set(gca,'position',[0.1 0.2 0.85 0.75]);
    data=normrnd(0,1,1000,1);
    hist(data);
    grid on;
    xlabel('考试成绩');
    ylabel('人数');
    %将图形复制到粘贴板
    hgexport(zft, '-clipboard');
    %将图形粘贴到当前表格的A5:B5栏里
    myExcel.ActiveSheet.Range('A5:B5').Select;
    myExcel.ActiveSheet.Paste;
    myExcel.ActiveSheet.Range('A1').Value='Excel 操作演示';
    myExcel.ActiveSheet.Range('A1:I1').MergeCells=1;                %合并单元格
    myExcel.ActiveSheet.Range('A1').HorizontalAlignment=-4108;      %居中
    myExcel.ActiveSheet.Range('A1').Font.Name='黑体';
    myExcel.ActiveSheet.Range('A1').Font.Size=16;
    myExcel.ActiveSheet.Range('A1').Font.Color=255;
    delete(zft);                                          %删除图形句柄
    myExcel.DisplayAlerts =0;                             %不显示确认对话框
    myExcel.ActiveWorkbook.SaveAs(filespec_user);         %保存
    myExcel.DisplayAlerts =1;
    myExcel.Quit;                                         %退出
    myExcel.delete;                                       %删除对象
end
```

3. MATLAB中文件的读写和数据的导入导出

（1）文件的存储

1）保存整个工作区

选择“主页”选项卡中的“保存工作区”，将工作区中的变量保存为mat文件。

2）保存工作区中的变量

在工作区浏览器中，右击需要保存的变量名，选择“另存为”，将该变量保存为mat文件。

3）利用save命令保存

该命令可以保存工作区，或工作区中任何指定文件。该命令的调用格式如下：

- save：将工作区中的所有变量保存在当前工作区中的文件中，文件名为matlab.mat，MAT文件可以通过load函数再次导入工作区，MAT函数可以被不同的机器导入，甚至可以通过其他的程序调用。
- save('filename')：将工作区中的所有变量保存为文件，文件名由filename指定。如果filename中包含路径，则将文件保存在相应目录下，否则默认路径为当前路径。
- save('filename', 'var1', 'var2', ...)：保存指定的变量在 filename 指定的文件中。

（2）数据导入

MATLAB 中的导入数据通常由函数 load 来实现，该函数的用法如下：

- load：如果 matlab.mat 文件存在，导入 matlab.mat 中的所有变量；如果不存在，则返回 error。
- load filename：将 filename 中的全部变量导入到工作区中。
- load filename X Y Z ...：将 filename 中的变量 X、Y、Z 等导入到工作区中，如果是 MAT 文件，在指定变量时可以使用通配符“*”。

【例 12-1】 将文件 matlab.mat 中的变量导入到工作区中。

首先应用命令 whos -file 查看该文件中的内容：

```
>> whos -file matlab.mat
  Name               Size           Bytes Class
  A                  2x3            48 double array
  I_q                415x552x3       687240 uint8 array
  ans                1x3            24 double array
  num_of_cluster     1x1            8 double array
 Grand total is 687250 elements using 687320 bytes
```

将该文件中的变量导入到工作区中：>> load matlab.mat

该命令执行后，可以在工作区浏览器中看见这些变量。

在 MATLAB 中，另一个导入数据的常用函数为 importdata，该函数的用法如下：

- importdata('filename')将 filename 中的数据导入到工作区中。
- A = importdata('filename')将 filename 中的数据导入到工作区中，并保存为变量 A。

【例 12-2】从文件中导入数据。

```
>> imported_data = importdata('matlab.mat')
imported_data =
              ans: [1.1813 1.0928 1.6534]
                A: [2x3 double]
              I_q: [415x552x3 uint8]
   num_of_cluster: 3
```

注意：与 load 函数不同，importdata 将文件中的数据以结构体的方式导入到工作区中。

拓展：利用“主页”选项卡中的“导入数据”选择待导入的文件。

（3）文件的打开

在 MATLAB 中可以使用 open 命令打开各种格式的文件，MATLAB 会自动根据文件的扩展名选择相应的编辑器。

注意：open('filename.mat')和 load('filename.mat')的不同，前者将 filename.mat 以结构体的方式在工作区中打开，后者将文件中的变量导入到工作区中，如果需要访问其中的内容，需要以不同的格式进行。

【例 12-3】open 与 load 的比较。

```
>> clear
>> A = magic(3);
>> B = rand(3);
>> save
```

```
Saving to: matlab.mat
>> clear
>> load('matlab.mat')
>> A
A =
    8    1    6
    3    5    7
    4    9    2
>> B
B =
   0.9501    0.4860    0.4565
   0.2311    0.8913    0.0185
   0.6068    0.7621    0.8214
>> clear
>> open('matlab.mat')
ans =
   A: [3x3 double]
   B: [3x3 double]
>> struc1=ans;
>> struc1.A
ans =
    8    1    6
    3    5    7
    4    9    2
>> struc1.B
ans =
   0.9501    0.4860    0.4565
   0.2311    0.8913    0.0185
   0.6068    0.7621    0.8214
```

三、内容与要求

1．在 Word 中输入下列文字：

已知泊松分布的数学定义是：$y=f(x|\lambda)=\dfrac{\lambda^x}{x!}\mathrm{e}^{-\lambda}I_{(0,1,\ldots)}(x)$，其对应的 MATLAB 函数为：Y=poisspdf(X,LAMBDA)，其中 LAMBDA 为参数。

下列程序段可用于绘制其密度图形：

```
X=0:20;
Y=poisspdf(X,5);
stem(X,Y);
```

然后将上述文字中的程序段定义为一个输入单元，在 Word 中执行并得到此密度图形。

2．某市 2010～2016 年三个路口 24 小时交通违法及事故次数登记如图 1.12.2 所示。试用 MATLAB 编程读取该 Excel 文件 JTSG.XLSX 中的数据并绘出折线图，然后加以分析。

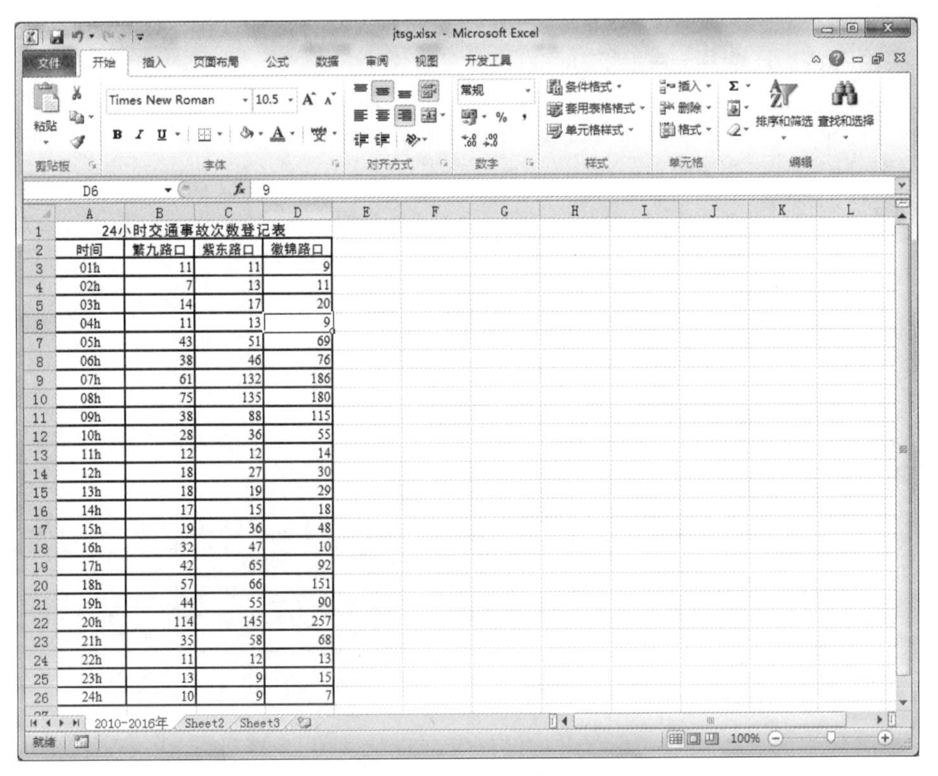

24小时交通事故次数登记表

时间	繁九路口	紫东路口	徽锦路口
01h	11	11	9
02h	7	13	11
03h	14	17	20
04h	11	13	9
05h	43	51	69
06h	38	46	76
07h	61	132	186
08h	75	135	180
09h	38	88	115
10h	28	36	55
11h	12	12	14
12h	18	27	30
13h	18	19	29
14h	17	15	18
15h	19	36	48
16h	32	47	10
17h	42	65	92
18h	57	66	151
19h	44	55	90
20h	114	145	257
21h	35	58	68
22h	11	12	13
23h	13	9	15
24h	10	9	7

图 1.12.2　交通事故次数登记表

3．仿照实验中的 ceshi_Excel 函数，编制脚本文件，将矩阵 $A=\begin{bmatrix}1 & 2 & 3\\ 2 & 3 & 4\\ 7 & 6 & 5\end{bmatrix}$ 及其逆矩阵 B 分别写入 C:\test.xlsx 工作表中的 A1:C3 区域与 E1:G3 区域。

实验 13*　综合作业

一、实验目的

1．通过本实验使学生掌握用 MATLAB 综合解决实际问题的能力；

2．培养团队合作精神，要求每组 6～8 人组成一个开发小组，每位同学承担不同的角色（例如：项目管理员、系统分析员、系统设计员、系统开发员、系统美工、系统测试员等）。

二、实验要求

1．写出系统的主要功能和说明书，包括开发背景、功能流程、主要界面、注意事项等；

2．提交运行的系统；

3．写出收获和体会（包括已解决和尚未解决的问题，进一步完善的设想与建议）；

4．每个小组进行 15 分钟的报告和答辩，讲解设计方案、演示系统、汇报分工与合作情况。

三、实验内容（任选其一或自拟）

1．线性代数运算器
2．微积分运算器
3．简易数据统计工具
4．简易图像处理工具
5．其他

实验 14*　上机测试

一、测试目的

通过本实验使学生掌握使用 MATLAB 解决问题的基本步骤，能够编写、调试和运行可读性好且规范的 MATLAB 程序。

二、测试要求

1．测试时间 45 分钟。
2．按照各题中的要求编写程序，上机调试并计算出结果。然后将程序及运行结果的 Word 文档以“Exam-学号”为名压缩并按要求上交。

三、测试内容

由教师临时指定。

四、测试设备及环境

1．每人一台 PC 机器；
2．每台机器上都安装 MATLAB 2014a、MS Office 2010、WinRAR 或 WinZIP 软件；
3．网络畅通。

五、评分依据

1．程序编写是否规范？
2．程序能否运行或通过编译？
3．程序运行结果是否正确？

第二部分　综合案例

案例 1　大学数学计算工具的设计与实现

大学数学是一门逻辑性和抽象性较强的基础学科，在大学各个专业学习中的重要性毋庸置疑。但是这门学科理论知识较多，尤其对于工科学生来说，学习时感觉枯燥，理解和应用时显得力不从心。针对这一现状，以 MATLAB 作为工作语言和开发环境，设计了一款在 MATLAB 平台下运行的大学数学计算工具，该计算工具采用窗口、菜单、按钮的操作方式，界面友好，操作简单，功能强大，可视性强，用户只需输入相关数据后点击运算按钮，很快就可以得到运算结果。使用该计算工具不仅可以帮助学生解决繁琐的运算问题，而且使得抽象的知识变得直观，单调的数学学习变得生动有趣，有利于提高学生学习数学的积极性与主动性。

2.1.1　系统的总体设计

2.1.1.1 系统的主框架

本系统的功能模块较多，需要多个具有相对独立的功能模块来分别实现多功能系统的各项功能。系统主框架如图 2.1.1 所示。

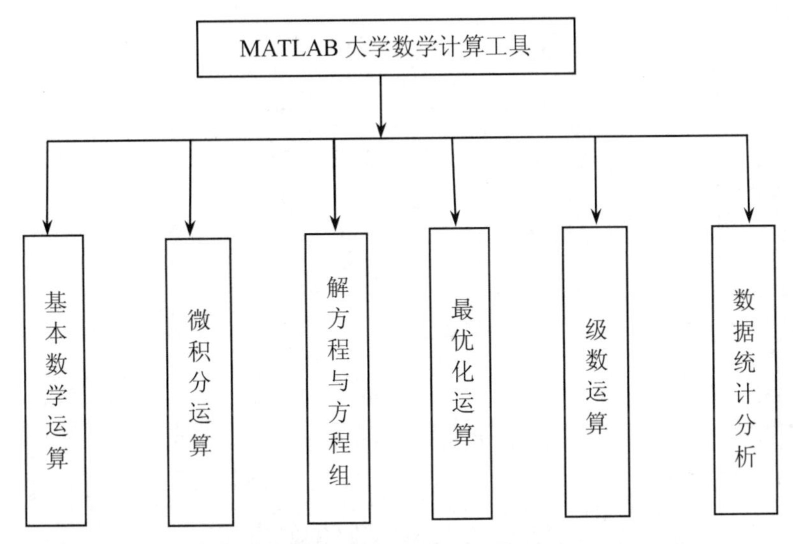

图 2.1.1　系统的主框架

2.1.1.2　系统的流程图

根据上面的主框架图可知本系统涉及的运算主要有六个模块，而每个模块又可以细分为多个子模块：

1．基本数学运算：包括数值运算、符号运算和函数运算；

2．微积分运算：包括函数极限、导数、不定积分、定积分和积分变换等；

3．求解方程和方程组：如求解线性方程组、非线性方程组及常微分方程；

4．级数的运算：包括级数的求和，以及把一个函数级数展开；

5．最优化的运算：包括求函数的极值和最值，求解线性规划问题；

6．数据的统计分析：包括求解各种统计问题，以及求数据的曲线拟合和插值运算。

下面以基本数学运算的处理流程为例，如图 2.1.2 所示。其他运算模块的流程与此类似，此处不再一一赘述。

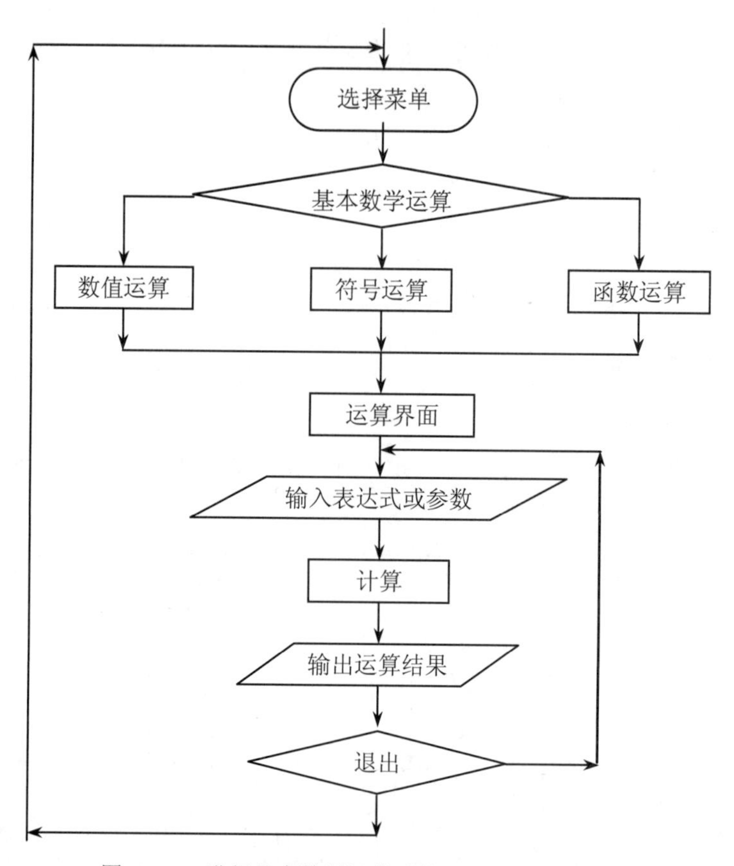

图 2.1.2 进行基本数学运算时的处理流程图

2.1.1.3 系统主界面的设计

本系统是用 MATLAB 自带的图形用户界面（Graphical User Interface，简称 GUI）来进行设计开发的，所有界面由实现各种运算功能的用户操作窗口所组成，窗口中有标题栏、菜单栏、各种控件及文字说明等。窗口的标题栏用于给窗口取名，其名称与实现的运算功能相一致。窗口中的菜单用来实现各功能窗口的转换，起到导航作用，用户只需点击菜单项就可进入到相应功能的用户操作界面。而且菜单项的标题是全中文的，从菜单的名字很容易知道其功能。窗口中的控件主要有：静态文本框、可编辑文本框、命令按钮、下拉式列表框、坐标系等。用户进入到操作窗口后根据界面上的菜单、控件的名称就能清楚操作的方法。只需要利用鼠标或键盘，用户就能很方便地进行操作。

打开系统后出现主界面，系统的主界面设计如图 2.1.3 所示。

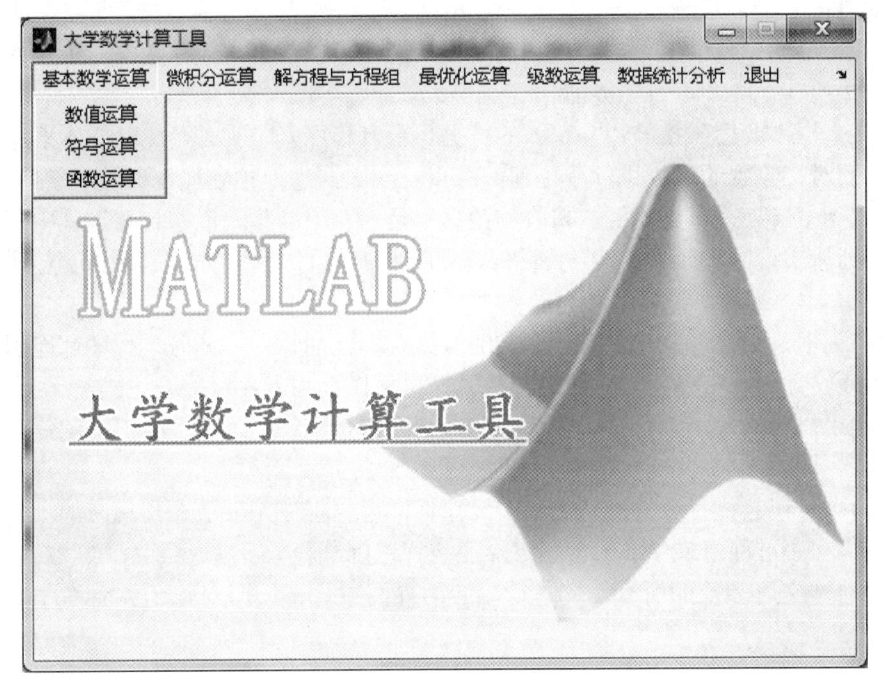

图 2.1.3　系统的主界面

主界面介绍：该界面共有七个主菜单，分别是基本数学运算、微积分运算、解方程与方程组、最优化运算、级数运算、数据统计分析、退出，点击每个主菜单都会显示下拉子菜单，如图 2.1.3 点击“基本数学运算”出现下拉菜单包括数值运算、符号运算、函数运算，相应地点击其中一个子菜单即可进入相应运算的子界面。

2.1.2　系统的详细设计与实现

本运算系统的设计与实现主要从两个方面考虑。一方面是界面可视化的设计，另一方面是相应功能的程序编写。

界面可视化的设计又包括界面布局和运算结果的可视化。系统的所有界面全采用中文的菜单和控件方式。用户在使用软件进行运算时，通过主界面菜单选择运算类型。然后点击下拉子菜单后弹出相对应的窗口界面，通过文本框、下拉列表框等控件进行输入操作，再单击命令按钮就可以实现运算。运算结果将详细地显示在文本框内，部分运算结果会以图像的形式显示在坐标系内，实现运算结果的可视化。系统的程序设计采用 MATLAB 编程语言来实现，利用 MATLAB 的图形用户界面（GUI）来设计程序运行的界面。整个系统由若干个运行界面和相应的 M 函数文件所组成，每一个运行界面上的每一个控件及菜单项都有对应的 callback 程序，形成一个 M 函数文件。所有功能对应的 M 函数文件由一个主文件将它们联成一个整体，最终形成运算系统。

系统的各种运算功能的实现基本上分为三个过程：第一是接收用户输入的数据并对接收的数据进行预处理，第二是进行运算，第三是将运算后的结果显示到界面上的文本框内。其中对数据进行预处理及运算是最主要的工作，这包括对数据类型的转换、容错处理、纠错处理、数据运算，以及对运算结果的数据类型进行转换等重要工作。在程序设计中，对各运算功能的 M 文件，其共同之处有以下三个方面：

（1）在主界面中使用菜单项实现各功能窗口的转换，起到导航作用。对菜单的编程主要是调用系统中的其他各个运算子界面。

（2）文本框主要用于接收用户输入的数据。所有程序基本上都是先从文本框中接收输入的数据，然后对接收到的数据进行预处理。对接收的数据进行预处理包括以下三种情况：

1）数据类型转换，从文本框内接收的数据都是字符串类型，而在计算过程中基本上都不是字符型数据能实现的，而是需要将其转换为计算所需要的类型，如数值型、元胞型、符号型、结构型。

2）容错处理，当允许用户对某一形式的数据有不同的输入方式时，程序都能识别，例如等号右端为 0 的方程既可以将方程两边都输入，也可以只输入左端的表达式。

3）判别用户的输入是否合法，如不合法，则要中止程序的运行并给出提示信息，以便于让用户修改。

（3）命令按钮是执行运算操作的最主要控件，运算程序主要放在其相应的 callback 内。实际上，编写程序过程中最主要的就是对命令按钮进行编程。

下面将对本文所涉及的所有运算进行相应的界面设计，同时对每个界面程序编写的过程进行阐述。

2.1.2.1 基本数学运算

此模块包括三个子界面，分别为数值运算、符号运算、函数运算。

1. 数值运算

数值运算实现了求任意一个有确定值的数学式子的值。在操作界面上输入待求值的表达式，再单击“求值”按钮就会得到表达式的值。操作界面和示例如图 2.1.4 所示。

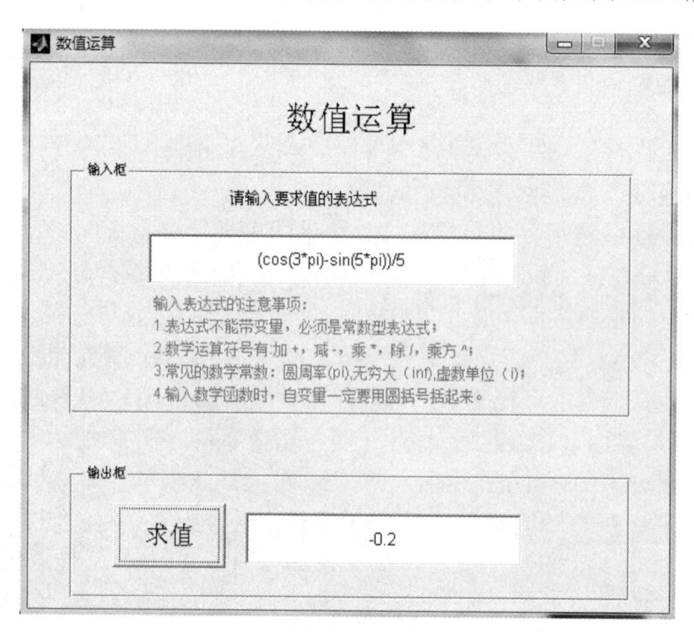

图 2.1.4　数值运算的图形界面和运行示例

数值运算的程序设计如下：

```
h=str2num(get(handles.edit1,'string'));
set(handles.edit2,'string',h);
```

2. 符号运算

符号运算就是实现符号数学式子的运算，本系统能进行数学式子的合并同类项、展开、因式分解等运算。在操作界面上输入待处理的表达式，再单击要进行处理的功能按钮就会在相应按钮的后边显示出处理后的结果。操作界面及举例如图 2.1.5 所示。

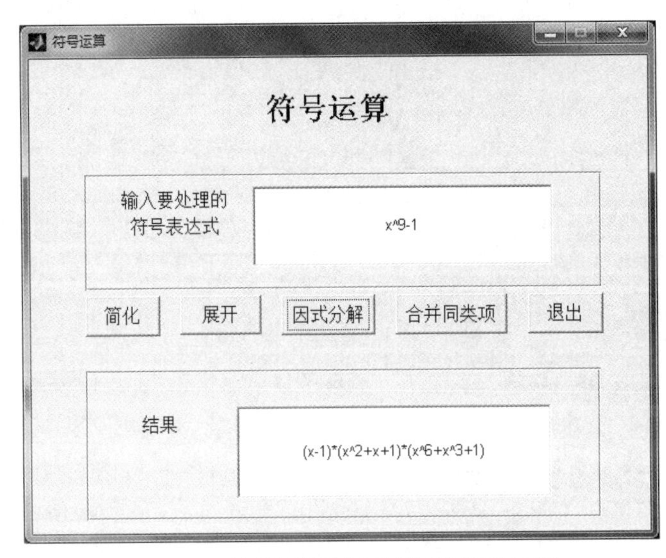

图 2.1.5　符号运算的图形界面和运行示例

程序设计如下：

（1）获取用户输入的表达式，由于输入的是字符型，要用 sym 函数转换类型：

```
f=sym(get(handles.edit1,'string'));
```

（2）点击不同按钮，进行相应运算，例如因式分解的运算：

```
answer=char(factor(f));%因式分解
```

类似的简化、展开、合并同类项分别用 simplify 函数、expand 函数、collect 函数。

（3）把结果显示在文本框内。用 set 函数：set(handles.edit2,'string',answer)。

3. 函数运算

函数运算主要实现函数的四则运算（和、差、积、商），也能进行函数的幂运算、复合运算和求一个函数的反函数。这些运算都只需要用户在文本框中输入函数的表达式，然后再单击相应的运算按钮，运算结果就立即显示在界面上。操作界面以及举例如图 2.1.6 所示。

此界面的运算项较多，以其中 f+g 为例，其代码如下：

```
f=sym(get(handles.edit1,'string'));
g=sym(get(handles.edit2,'string'));
m=char(f+g);
set(handles.edit3,'string',m);
```

其他各项与此类似，此处不再一一细述。

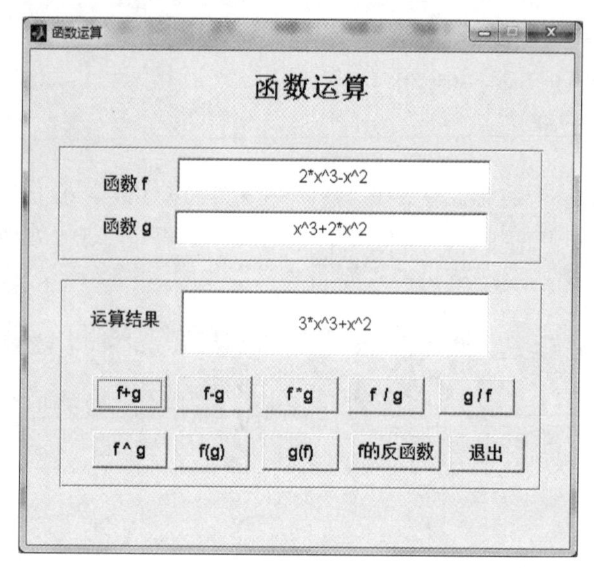

图 2.1.6　函数运算的图形界面和运行示例

2.1.2.2　微积分运算

微积分的运算包括：函数极限的运算、函数的求导运算、函数积分的运算。

1. 函数极限运算

求函数的极限时只需要根据界面上的公式形式，在文本框内输入自变量、自变量的趋近值和函数的表达式，然后在下拉列表框选择求函数的左极限值、右极限值或极限值，再单击“求极限”按钮，就会在界面上显示出相应的极限值。如果极限不存在也会表示出来，界面及示例如图 2.1.7 所示。

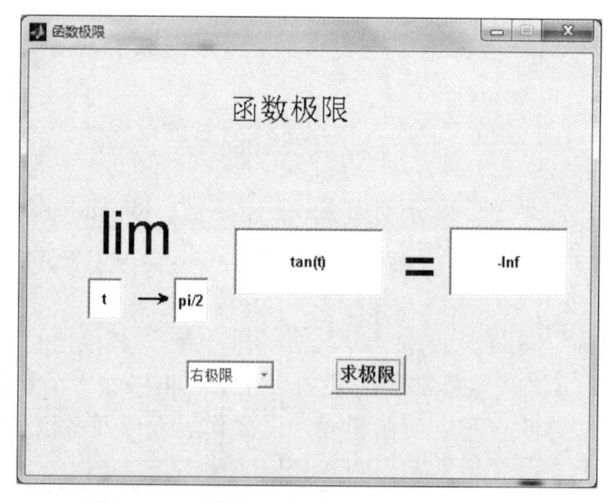

图 2.1.7　函数极限的图形界面和运行示例

此界面里包含下拉列表框，要用选择结构：

```
f=sym(get(handles.edit3,'string'));
x=get(handles.edit1,'string');
x=sym(x);
a=str2num(get(handles.edit2,'string'));
```

```
jixian1=char(limit(f,a));
jixian2=char(limit(f,x,a,'right'));
jixian3=char(limit(f,x,a,'left'));
p=get(handles.popupmenu1,'value');
if p==1
    set(handles.edit4,'string',jixian1);
elseif p==2
    set(handles.edit4,'string',jixian2);
elseif p==3
    set(handles.edit4,'string',jixian3);
end
```

2. 函数求导运算

在求函数的导数时需要在文本框内输入函数的表达式，再输入自变量、求的导数的阶数，然后单击“求导”按钮，就会在界面上显示出函数的导数。如果导数不存在也会表示出来，界面及示例如图 2.1.8 所示。

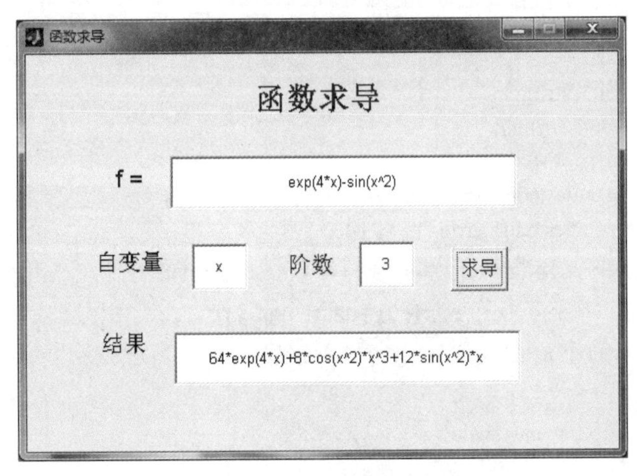

图 2.1.8　函数求导的图形界面和运行示例

函数求导主要用 diff 函数，程序设计过程中要注意类型的转换：

```
f=get(handles.edit1,'string');
x=get(handles.edit3,'string');
x=sym(x);
n=str2num(get(handles.edit4,'string'));
df=char(diff(f,x,n));
set(handles.edit2,'string',df);
```

3. 函数积分运算

在求函数的积分时只需要根据界面上的公式形式，在文本框内输入被积函数的表达式及自变量，在下拉列表框选择求定积分或不定积分，定积分要输入积分上下限，然后单击“求值”按钮，就会在界面上显示出函数积分的结果。操作界面及定积分举例如图 2.1.9 所示。

积分运算包括不定积分 $\int f(x)\mathrm{d}x$ 和定积分 $\int_a^b f(x)\mathrm{d}x$ 两种，下面论述函数的不定积分与定积分的实现。

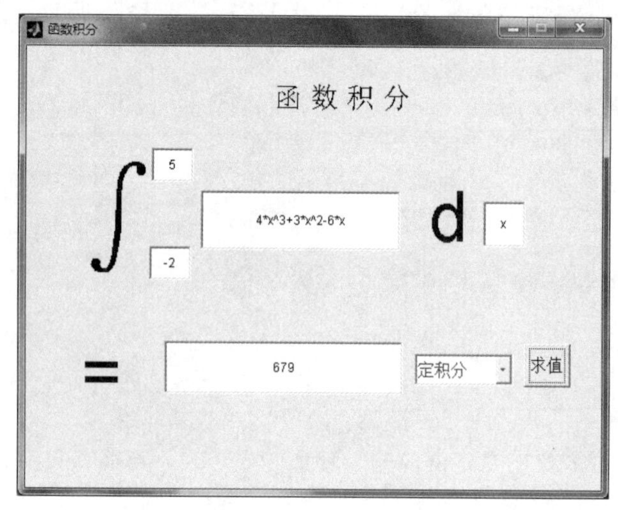

图 2.1.9　函数积分的图形界面和运行示例

（1）需要用户输入包括取被积函数的表达式、积分变量、积分上下限等。获取用户的输入可用 get 函数来实现，其代码如下：

```
f=get(handles.edit3,'string');
x=get(handles.edit4,'string');
x=sym(x);
a=str2num(get(handles.edit2,'string'));%下限
b=str2num(get(handles.edit1,'string')); %上限
```

（2）由于界面上的文本框只能显示字符串，因此要将求出的不定积分或定积分的数据类型转换为字符串类型。求不定积分：jifen1=char(int(f,x));，求定积分：jifen2=char(int(f,x,a,b));。

（3）最后将求出的不定积分或定积分显示在文本框内。根据下拉菜单的选择显示不定积分或定积分的结果。程序段为：

```
p=get(handles.popupmenu1,'value');
if p==1
    set(handles.edit1,'visible','off');%选择不定积分时，上下极限输入框隐藏
    set(handles.edit2,'visible','off');
    set(handles.edit5,'string',jifen1);
elseif p==2
    set(handles.edit1,'visible','on'); %选择定积分时，上下极限输入框显示
    set(handles.edit2,'visible','on');
    set(handles.edit5,'string',jifen2);
end
```

4. 积分变换

积分变换包括拉普拉斯变换、傅里叶变换、Z 变换。在进行积分变换时用户应该先选择变换的类型，再在相应的文本框内输入变换的原函数的表达式，然后单击“变换”按钮，就会在界面上显示出积分变换后的结果。进行拉普拉斯变换的操作界面和示例如图 2.1.10 所示。

程序设计如下：

积分变换的程序编写与前面的几个界面类似，此处不再给出详细程序，其中拉普拉斯变换、傅里叶变换、Z 变换分别用 laplace、fourier、ztrans 函数实现。

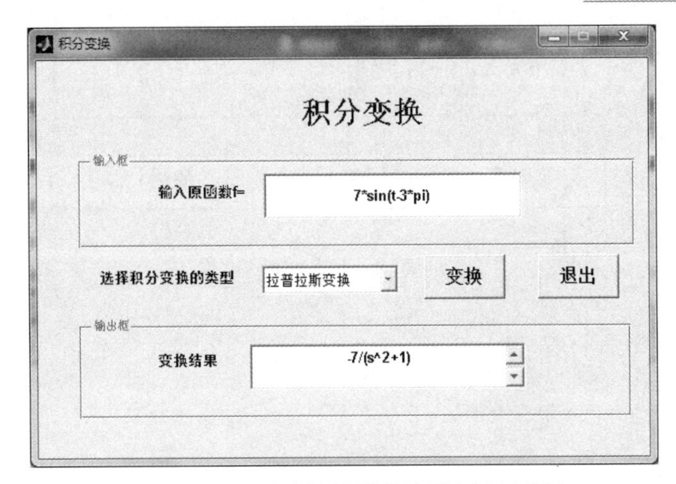

图 2.1.10 积分变换的图形界面和运行示例

2.1.2.3 方程与方程组

解方程包括求解代数方程和微分方程，代数方程又包括线性和非线性方程。线性方程组能求出其基础解系及其通解。对于能求解析解的方程允许方程（组）中含有字母常数，没有解析解的求其数值解。

1. 解线性方程组

用户需要先输入线性方程组的系数矩阵，另外还需要输入方程组的右端常数列向量。输入完后，单击“求解方程组”按钮就可进行求解。求解得到的结果显示在界面下方的框内，既显示方程组的基础解系，也显示线性方程组的通解。操作界面及示例如图 2.1.11 所示。

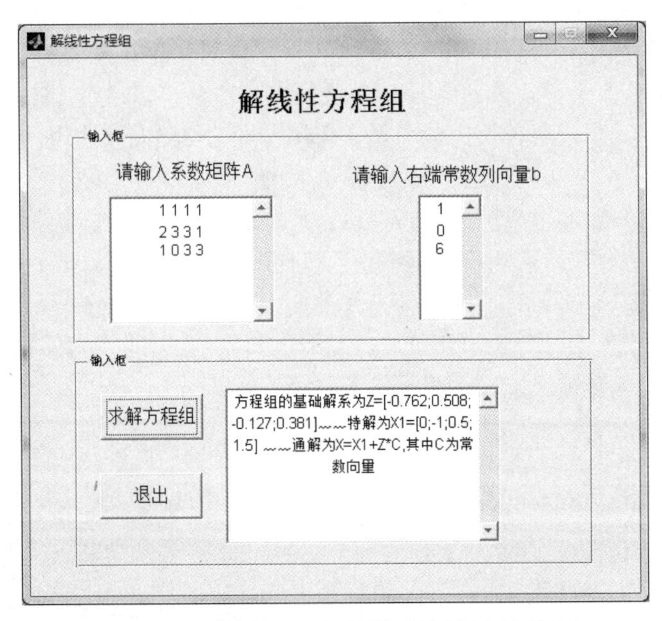

图 2.1.11 解线性方程组的图形界面和运行示例

解线性方程组的设计思路流程如图 2.1.12 所示：

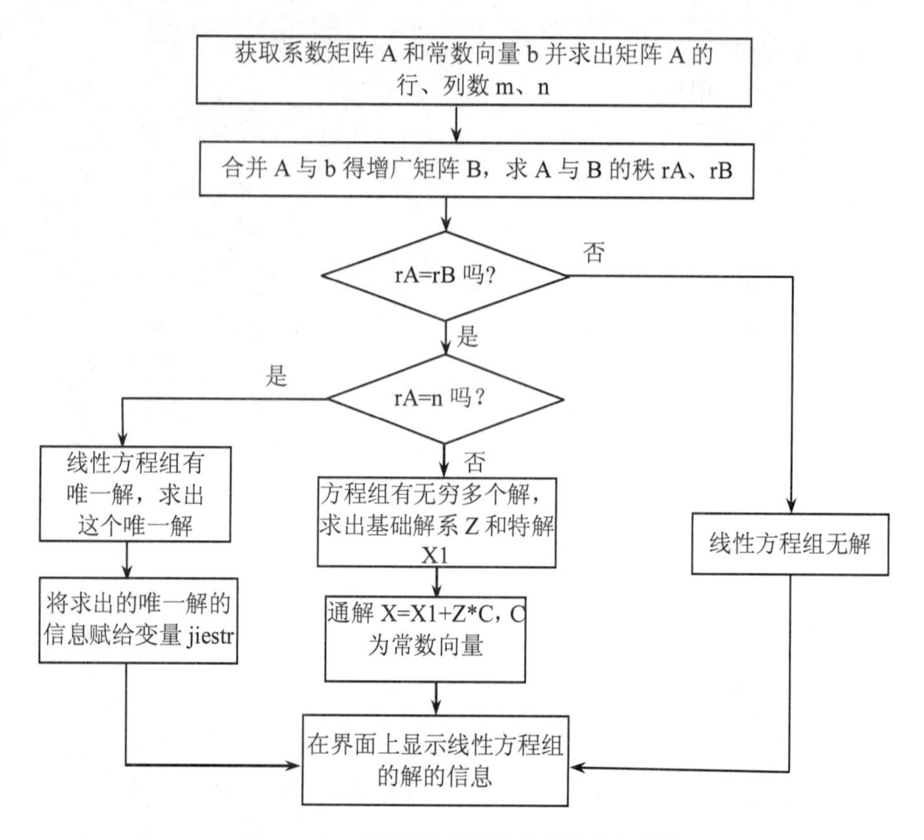

图 2.1.12 解线性方程组设计思路的流程图

解线性方程组的程序较多，此处不再一一列出，仅对其主要思想和重要步骤进行细述：

（1）从界面上获取系数矩阵、常数列向量及未知数名可以通过 get 函数来实现，但是取出的数据类型都是字符串，要转换为数值型，可用函数 str2num 来实现。求系数矩阵的行、列数可以用语句 n=size (A)来实现。这里 m 为矩阵 A 的行数，也是方程的个数；n 为矩阵 A 的列数，也是方程中的未知数的个数。

（2）增广矩阵是合并系数矩阵 A 和常数列向量 b，即增广矩阵 B= [A,b]。求矩阵的秩可以用函数 rank 来实现，rA=rank (A)和 rB=rank(B)。

（3）当系数矩阵 A 与增广矩阵 B 的秩 rA=rB 时，线性方程组有解；而当 rA≠rB 时，线性方程组无解。接下来讨论在方程组有解的条件下：

1）若系数矩阵 A 的秩 rA 等于方程中未知数的个数 n，则方程组有唯一解。用语句 X=inv (A)*b 可以直接求得这个唯一解。

2）若系数矩阵 A 的秩 rA 小于方程中未知数的个数 n，则此时方程组有无穷多解。方程组 Ax=b 的通解为：X=X1+X0。X0 为 Ax=b 的一个特解。X1 可表示为基础解系 Z 与一个任意常数向量 C 的积 Z*C。求基础解系的方法可用函数 Z=null(A,'r')来完成，基础解系是一个矩阵，它的列数是 n-rA。求方程 Ax=b 的一个特解，可用函数 Pinv(A)来实现，语句是 Pinv(A) *b。

（4）当 rA≠rB 时，表明方程组中的方程之间是矛盾的，故方程无解。

（5）将得到的解的结果显示在界面上。将前面求到的唯一解、特解、基础解系、通解等也显示在界面上。

2. 解非线性方程组

求解非线性方程组，用户先在文本框内输入方程组、自变量、精度、最大迭代次数和初始值，单击“求解”按钮即可求解出方程的数值解。界面及示例如图 2.1.13 所示。

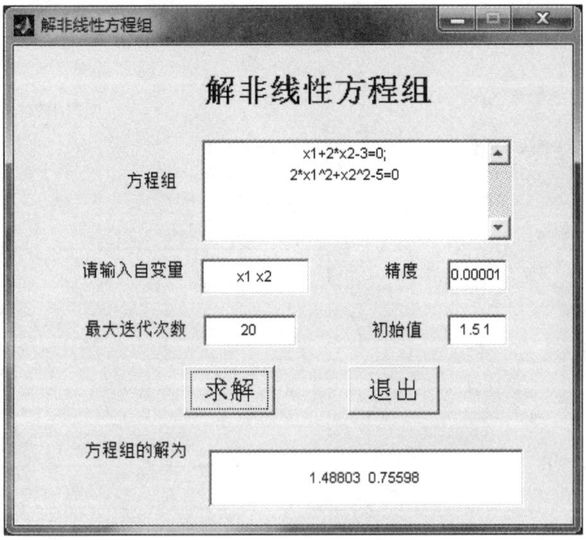

图 2.1.13　解非线性方程组的图形界面和运行示例

程序设计如下：

解非线性方程组主要用牛顿迭代法，其函数文件 newton.m 如下：

```
function[x,n]=newton(x0,p,N)
x=x0-F(x0)/dF(x0);
n=1;
while norm(x-x0)>1.0e-6&n<=1e8
    x0=x;
    x=x0-F(x0)/dF(x0);
    n=n+1;
end
```

（1）从界面上获取用户输入的方程组 F，自变量 v，初始值 x0，精度 p，最大迭代次数 N。

（2）对方程组求偏微分 dF=diff(F,'v')，另外求 tF=inv(dF)*F，调用 newton 函数如下：

```
x=newton(x0,p,N)
```

（3）将结果显示在文本框内 set(handles.edit7,'string',num2str(x))。

3. 解微分方程

求解微分方程，用户先在文本框内输入方程和自变量的取值区间，以及初值和等分数。再单击“求方程的解”按钮，在结果显示框内将显示微分方程的数值解，并在坐标系内显示解的情况。界面及示例如图 2.1.14 所示。

程序设计如下：

（1）获取函数、自变量上下限、等分数、初值：

```
f=get(handles.edit1,'string');
 a=str2num(get(handles.edit2,'string'));
 b=str2num(get(handles.edit3,'string'));
```

```
 z=str2num(get(handles.edit5,'string'));
y=str2num(get(handles.edit4,'string'));
```

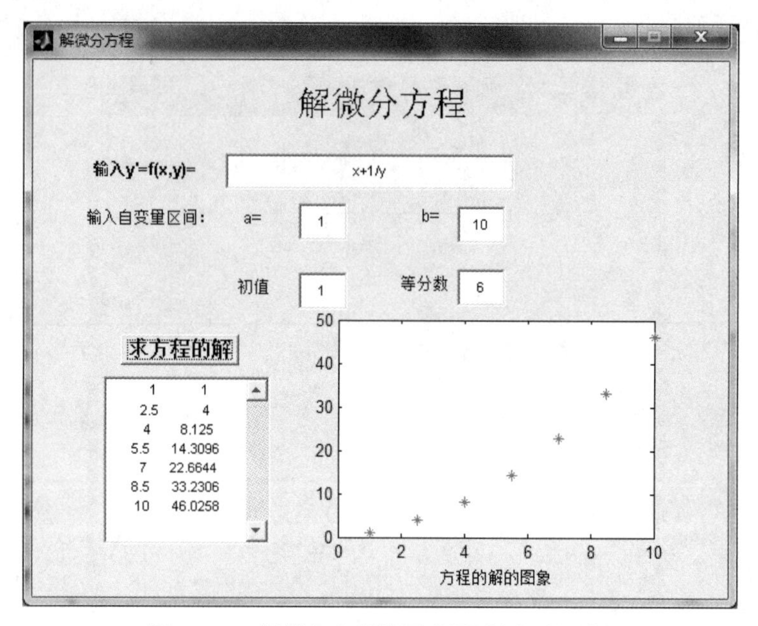

图 2.1.14 解微分方程的图形界面和运行示例

（2）按照龙格-库塔方法进行数值求解：

```
h=(b-a)/z;
 n=(b-a)/h+1; % n=(b-a)/h;
 x=a;
 szj=[x,y];
 for i=1:n-1    % i=1:n
       y=y+h*subs(f,{'x','y'},{x,y});
       x=x+h;
       szj=[szj;x,y];
 end
```

（3）画图以及在文本框中显示解的信息：

```
J=num2str(szj);
plot(szj(:,1),szj(:,2),'r*');
set(handles. edit6,'string',J);
```

2.1.2.4 最优化运算

最优化问题的求解是大学数学中最常见的问题，本系统能进行最优化问题的求解，包括求函数的极值和函数在一个区间上的最值，以及各种线性规划问题等。

1. 函数极值

求函数的极值包括求一元函数的极值、二元函数的极值、多元函数的条件极值。图 2.1.15 是求一元函数的极值与闭区间上的最值的操作界面及示例。求二元函数极值与最值的操作界面与图 2.1.15 类似，只是多了一个自变量及取值范围。

求函数的极值，用户先在文本框内输入函数的表达式、自变量名及其取值间。如果求函数的各局部极值点可单击“求极值”按钮，这样在界面下方的框内会显示出函数的局部极值情况。如果求函数在给定区间上的全局最大、最小值可单击“求最值”按钮，这样在界面下方的框内会显示出函数的全局最值情况。界面及示例如图 2.1.15 所示。

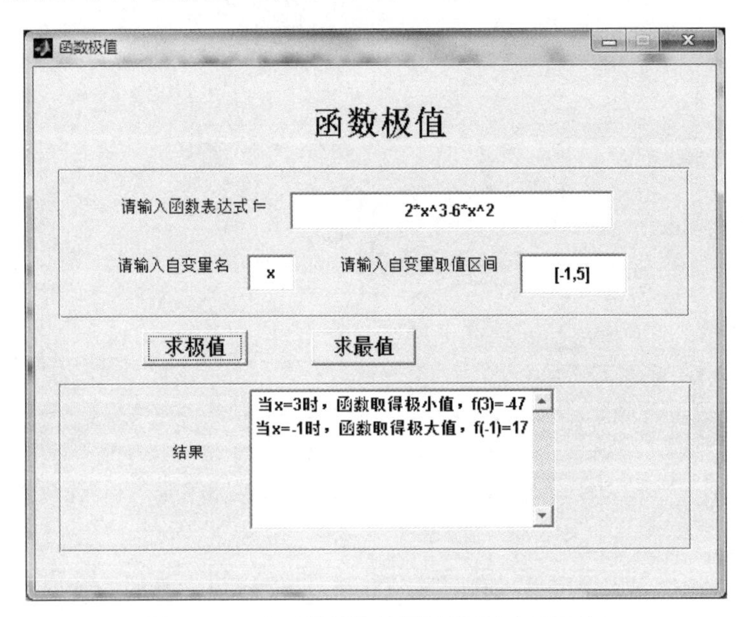

图 2.1.15 求函数极值的图形界面和运行示例

程序设计如下：

（1）首先用 get 函数从界面上获取用户输入的函数表达式的字符串，即 f=get(handles.edit1,'string')。同样还可以获取自变量名和定义域区间。

（2）求函数的导数需要先将函数表达式先转换为符号表达式，即 f=sym(f)。再用函数 diff 求函数的一阶和二阶导数。

（3）求可能的极值点时，主要是求导数为 0 或导数不存在（即导数的倒数为 0）的点的自变量的值。可以通过函数 solve 来实现，但是这样求出的解还是符号表达式，需要转换成数值和字符串。最后把所有可能的极值点的自变量值存放在向量 X 中。

（4）判别是否为极值点的方法主要是看一阶导数在这些点处的左右两边的符号是否发生改变，如果左正右负则为极大值，反之为极小值。也可以通过该点的二阶导数的正负来判断，即 $f''\geqslant 0$ 则为极小值，$f''\leqslant 0$ 则为极大值。

（5）先取出向量 X 表示的各可能的极值点在区间内的部分，再求每一点处的函数值。求出区间端点处的函数值，再比较区间内的极值点处和端点处的函数值的大小，最后得出函数的最大值和最小值。

2. 函数条件极值

函数的条件极值，用户先在文本框内输入多元函数、条件表达式和自变量名。然后单击“求条件极值”按钮，这样在界面下方的框内会显示出函数的条件极值的情况。用此界面求条件极值，适用于条件表达式是等式且函数的自变量个数较少的情况，一般自变量个数以不多于四个为好。界面及示例如图 2.1.16 所示。

程序设计如下：求多元函数的条件极值只比求一元函数极值多了一个等式约束条件，总体方法类似，此处不再细述。

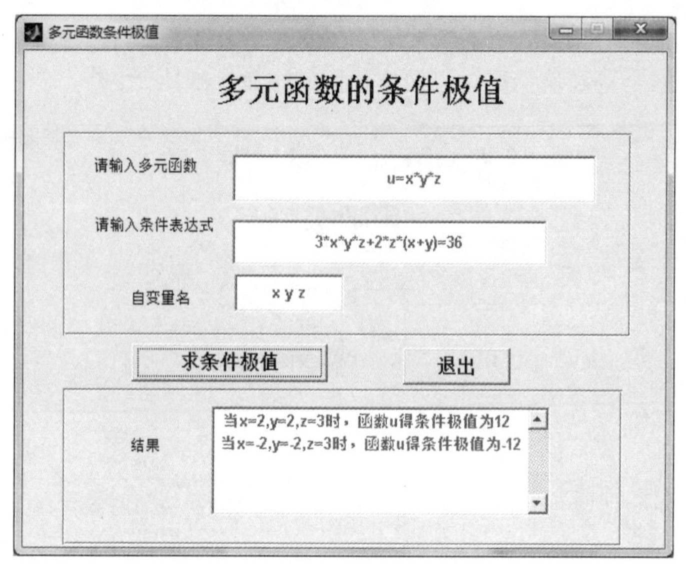

图 2.1.16　求多元函数的条件极值的图形界面和运行示例

3. 线性规划

线性规划问题是最优化问题的基础和核心问题，能解决大量的实际问题，在工程技术方面、经济管理方面有大量应用。

用户先要输入目标函数的系数向量，然后再输入约束条件，包括不等式和等式约束条件，按界面要求分别输入相应信息，最后点击“求解”按钮，右边的输出框会显示最优解和最优值。如果线性规划问题无正常的最优解，也会给出说明。由于该界面的版面有限，只适合于求解较小规模的线性规划。要求变量个数不超过 6 个，约束条件个数不超过 6 个。这些要求已能满足大多数实际问题的求解需要。求解线性规划的操作界面及示例如图 2.1.17 所示。

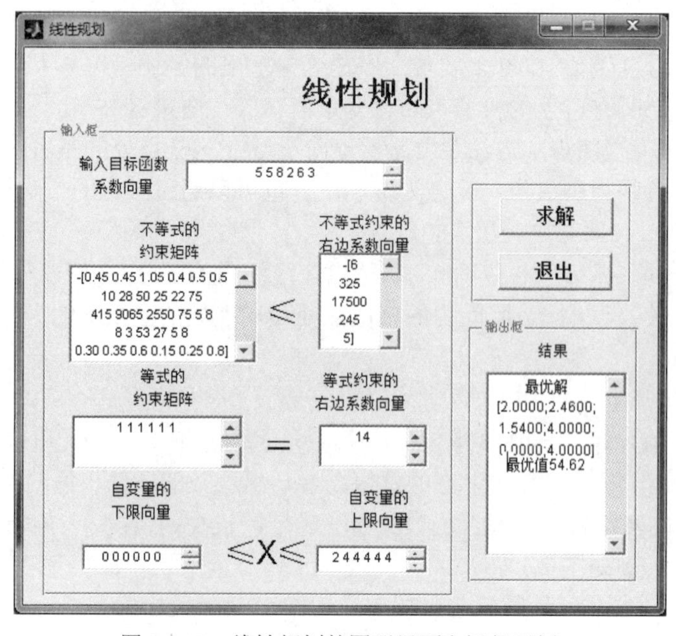

图 2.1.17　线性规划的图形界面和运行示例

程序设计如下：

（1）用户输入的矩阵和向量均为字符型，用 str2num 函数转换为数值型，例如 A1=str2num (get(handles.edit6,'string'))，其他几项的获取类似。

（2）用 linprog 函数求解约束条件下的最优解和最优值，程序为[x,fval]=linprog(f,A1,b1, A2,b2,xl,xu)。

（3）将结果显示在文本框内，程序为 set(handles.edit18,'string',strcat('最优解',mat2str(x), '最优值',num2str(fval)))。

2.1.2.5　级数的运算

级数的运算是大学数学中较常遇到的运算问题，本系统能进行级数的运算，求出级数的和，可以将一个函数展开为一个幂级数，也能将一个函数展开为傅里叶级数。

1. 级数求和

在求级数的和时，用户先要在文本框中输入级数的通项表达式、级数求和的起止项数值、级数通项中的自变量名。输入完成后，单击“求级数的和”按钮就会在界面上显示出级数的和，若为无穷级数，其终止项应输入无穷大（inf）。此时先判别级数的收敛性，再求级数的和，若级数是发散的，也会做出判断并显示出来。界面及示例如图 2.1.18 所示。

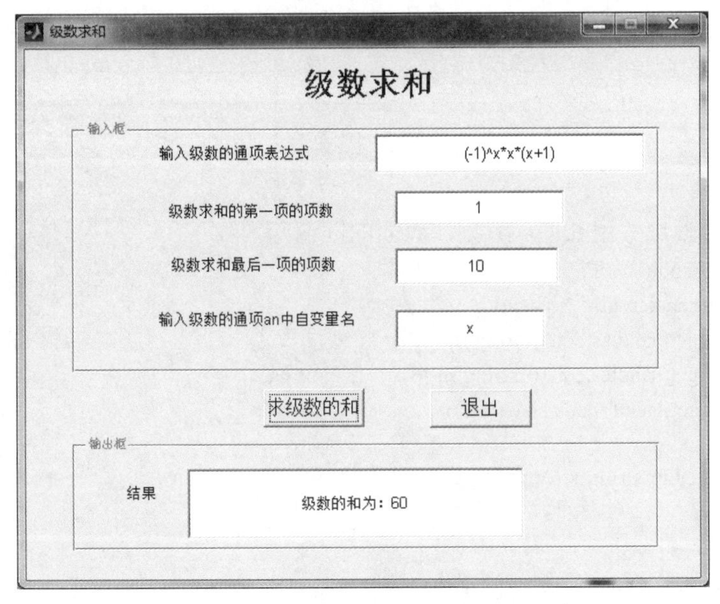

图 2.1.18　级数求和的图形界面和运行示例

程序设计如下：

（1）根据界面上的信息录入数据，用 get 函数获取，例如 an=sym(get(handles.edit1,’string’))，其他各项类似，注意用 str2num 函数转换为数值型。

（2）求级数的和用 symsum 函数，sum=symsum(an,n,a,b)。

（3）将结果显示在文本框，例如 set(handles.edit5,’string’,char(sum))，退出为 close(gcf)。

2. 函数展开

将函数展开为级数，包括展开为幂级数和展开为傅里叶级数。如图 2.1.19 所示是一个函数展开为幂级数的操作界面及示例。展开为傅里叶级数的操作界面与图 2.1.19 类似。

将函数展开为级数，用户需要输入要展开的函数的表达式、自变量名及取值范围，再输入展开的阶数。在输入完成单击“幂级数展开”按钮就会得到展开后的表达式。界面如图 2.1.19 所示。

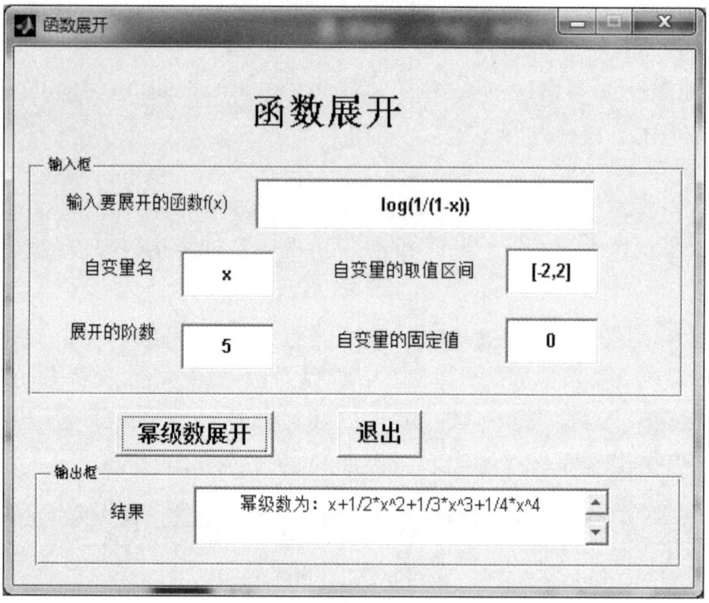

图 2.1.19　函数展开的图形界面和运行示例

程序设计如下：

将函数展开为幂级数用 taylor 函数，界面的回调函数如下：

```
f=sym(get(handles.edit7,'string'));
x=sym(get(handles.edit8,'string'));
h=str2num(get(handles.edit9,'string'));
n=str2num(get(handles.edit10,'string'));
a=str2num(get(handles.edit11,'string'));
F=taylor(f,n,x,a);
set(handles.edit6,'string',strcat('幂级数为：',char(F)));
close（gcf);
```

2.1.2.6　数据统计分析

不仅在大学数学中经常要对数据进行计算，而且在经济管理、科学研究、工程技术等许多方面都要接触到对数据的大量分析计算，并对数据绘出统计图，以对数据进行直观地表示说明。本软件的设计包括统计分析的基本运算，例如求一列数据的方差、标准差、期望、中位数、最大最小值以及对数据进行排序等，还有对数据插值和曲线拟合。

1. 数理统计

对数据进行统计分析，需要用户先输入原始数据样本。数据输入完成后需要做什么分析计算就单击相应的按钮，这样就会得到其相应的结果。另外还可对数据进行统计绘图，绘图通过界面上的下拉列表框来实现，能绘制的统计图有：条形图、饼图、离散数据图。操作界面及示例如图 2.1.20 所示。

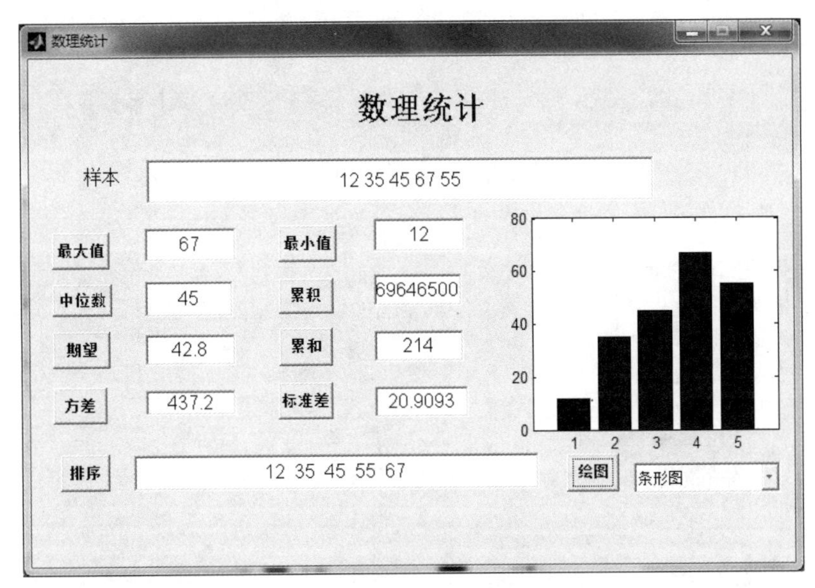

图 2.1.20 数理统计的图形界面和运行示例

程序设计的实现过程分为以下几步：

（1）获取用户输入的数据。由于用户输入的数据是字符型，运算过程要转换为数值型。

（2）点击按钮计算，其中对应的实现函数分别为最大值 xmax=max(x)，最小值 xmin=min(x)，期望 xx=mean(x)，中位数 xmid=median(x)，方差 x1=var(x)，标准差 x2=std(x)，累和 x3=sum(x)，累积 x4=prod(x)，升序排列 x5=sort(x)。例如排序按钮的 callback 程序如下：

```
x=get(handles.edit1,'string');
x=str2num(x);
set(handles.edit9,'string',num2str(sort(x)));
```

（3）点击“绘图”按钮，会在界面上显示图像。根据下拉菜单的选择有条形图、饼图、离散数据图。其实现程序如下：

```
h=findobj(gcf,'tag','axes1');
p=get(handles.popupmenu1,'value');
  if p==1
      bar(x);
  elseif p==2
      pie(x);
  elseif p==3
      plot(x,'b*');
  end
```

2. 数据插值与曲线拟合

对数据进行插值分析和曲线拟合，就是对两组等长的数据的关联情况进行分析。插值分析是根据对两个变量的实测数据或经验数据进行分析，来预测其中一个变量取定一些值后，另一个变量的预测值是什么。曲线拟合分析是对两个变量的实测数据或经验数据进行分析，进行判断它们之间的关系接近于什么样的曲线。在界面上用户需要先输入自变量和因变量的两组数据、自变量的取值，再选择插值方法（插值算法），单击“因变量的估计值为”按钮就会得到因变量的估计值。单击“曲线拟合”按钮就会画出原数据点、插值点与拟合曲线。插值方法有：

线性插值、三次样条插值、三次多项式插值、最邻近插值等。界面及示例如图 2.1.21 所示。

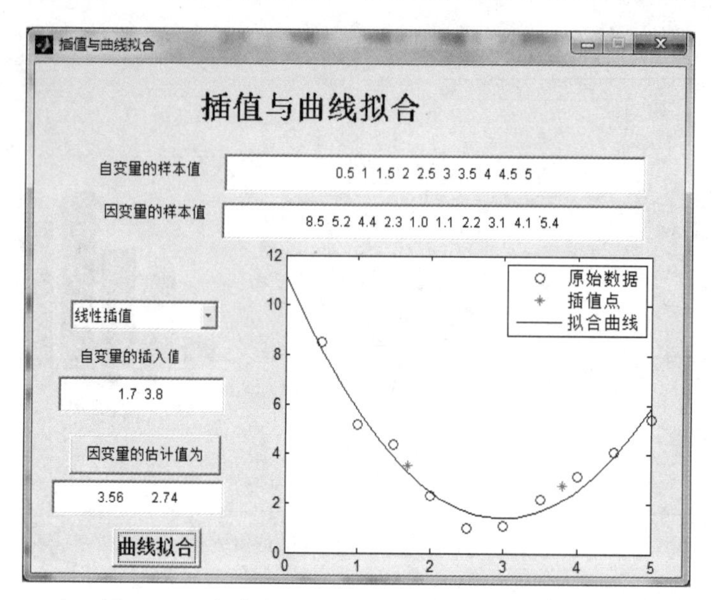

图 2.1.21 插值与曲线拟合的图形界面和运行示例

程序设计如下：

用户需要先输入样本的自变量值与因变量值，然后选择插值方法，插值方法有：线性插值、三次样条插值、三次多项式插值以及最邻近插值。

（1）获取自变量值与因变量值以及要插入的点的自变量值，并且把字符型转换为数值型：

```
h1=get (handles.edit1,'string');
X=str2num (h1);
h2=get (handles.edit2,'string');
Y=str2num (h2);
h3=get (handles.edit3,'string');
Xi=str2num (h3);
```

（2）点击“因变量的估计值为”按钮将在文本框显示插入点的因变量的估计值，同时将在坐标轴中显示样本点和插入点。选择不同的插值方法，结果可能不同，可用 switch case 语句完成如下：

```
h=findobj (gcf,'tag','axes1');
p=get(handles.popupmenu1,'value')
switch p
    case 1
        Yi=interp1(X,Y,Xi,'linear');
        plot(X,Y,'bo');
        plot(Xi,Yi,'r*');
        hold on;
    case 2
         Yi=interp1(X,Y,Xi,'cubic');
        set (handles.edit4,'string',char(Yi));
        plot(X,Y,'bo');
        plot(Xi,Yi,'r*');
```

```
            hold on;
        case 3
            Yi=interp1(X,Y,Xi,'spline');
            plot(X,Y,'bo');
            plot(Xi,Yi,'r*');
            hold on;
        case 4
            Yi=interp1(X,Y,Xi,'nearst');
            plot(X,Y,'bo');
            plot(Xi,Yi,'r*');
            hold on;
    end
set(handles.edit4,'string',num2str(Yi));
```

（3）点击“曲线拟合”按钮将在坐标轴中显示拟合曲线：

```
h=findobj (gcf,'tag','axes1');
a=polyfit (X,Y,2);
x1=linspace(0,5.0,20);
y1=a(1)*x1.^2+a(2)*x1+a(3);
plot(x1,y1,'k-');
legend('原始数据','插值点','拟合曲线');
```

2.1.3 总结

大学数学计算工具基本解决了大学数学所涵盖的数据运算和处理问题，有助于学生理解所学的知识，提高学生学习数学的积极性，尤其适合工科学生使用，对提高教学效果和教学质量有重要的辅助作用。它克服了 MATLAB 下输入相应命令或者编写程序代码才能实现相应功能的不足，可以长期使用。系统的优点：

（1）基本上涵盖了大学数学里的教学内容。

（2）界面友好，操作简单。

（3）可视性很强，既有给出的详细答案，又有相应的图形图像显示。

存在的缺点与不足：

（1）对于一些很复杂的问题灵活性不够。

（2）系统的容错性及功能有待进一步加强与完善。

案例 2 数学建模实例

我国大学生可以参加每年两次的数学建模竞赛。一次是由美国主办的国际大学生数学建模竞赛，要求每个参赛队四天内完成一篇用纯英文写作并用数学建模方法解决实际问题的科技论文；一次是全国大学生数学建模竞赛，要求每个队在三天内完成一篇用数学建模方法解决实际问题的科技论文。

数学建模针对当前社会发展过程中来自工程、经济管理或社会领域的前沿问题，在一定的模型假设条件下，建立合理的数学模型，并设计有效算法获得模型的解，且对模型的参数做灵敏度分析，最后通过计算出来的结果去指导人们的实践活动，从而解决实际问题。

竞赛评奖以假设的合理性、数学模型的创新性、研究思路的新颖性、结果的合理性以及文字表述的清晰程度为主要标准。该项赛事对于培养大学生的创新能力、团队合作意识、科技论文的写作能力以及国际视野具有重要意义。

本案例给出我院部分获奖优秀论文，同学们可以在阅读这些文章的同时了解论文的结构、解题的思路、程序的编写与计算结果的分析。

2001 年全国大学生数学建模竞赛 （A 题）

给定 100 幅血管的横截面图像，利用这些图像将血管的真实形状复原。给出血管中心线的数学表达式及其在三个方向上的投影图形。

2001 年全国竞赛一等奖论文（队号：10305）

摘　要

在医学及生命科学研究中，经常需要通过对断面特征的研究来了解生物组织、器官的形态。本题中的血管切片问题，就是要依据 100 张切片的数字图像所提供的数据绘制尽可能准确的中轴线以及精确的计算血管的半径，以尽可能精确地重建血管的三维形态。

本文首先采用最大内切圆法求解管道的中轴线方程及半径。我们从理论上证明了每个切片上有且只有一个半径为 R 的最大内切圆，据此，运用 MATLAB 软件包的图形图像处理与数学计算的功能，设计算法并编程计算出最大内切圆的半径与圆心坐标，利用圆心的坐标分别采用多项式插值及三次样条插值法拟合出中轴线方程。在此方法的基础上，根据管道上每一点的几何意义，提出了具有更高精度的最小二乘法。最后，我们将所得的结果用计算机模拟的数据加以检验，证实了本文所提出的方法能够以较高的精度计算出管道的中轴线及半径，如图 2.2.1 所示。

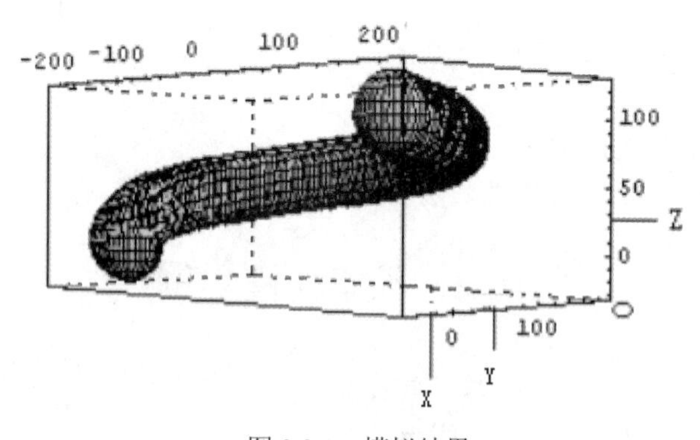

图 2.2.1　模拟结果

血管的三维重建问题

1. 问题重述

在医学及生命科学研究中，经常需要通过对断面特征的研究来了解生物组织、器官的形态。例如，通常用切片机连续不断地将样本切成数十、成百个厚度为 1 微米的平行切片，通过对切片进行观察并拍照采样，可以得到平行的切片数字图像，进而可运用计算机重建组织、器官等的三维形态。由于切片技术的限制，以及为了防止过高的计算代价，我们得到的切片数目是有限的。我们必须考虑到并尽可能设法减少因此而产生的误差，即要设计合理的算法，通过对有限的已知数据的分析，达到精确地描述这种连续又复杂的问题的目的。对于本题中的血管切片问题，就是要依据 100 张照片所提供的数据精确地计算血管的半径并绘制尽可能准确的中轴线。

2. 符号约定及参数说明

C_k——平面 $Z=k$ $(k=0,1,...,99)$ 与包络面的交所围成的区域；

∂C_k——域 C_k 所界的边界；

O_k——域 C_k 与中轴线的唯一交点，且为球心；

R——形成管道的滚球半径（单位为像素）；

$\Gamma(t)$——以 t 为参数的中轴线方程；

Σ——球心沿中轴线的球滚动形成的包络面。

3. 必要的假设

（1）血管是由球心沿着某一曲线（称中轴线）的球（半径固定）滚动包络而成的；

（2）血管壁的半径固定，厚度忽略不计，且血管壁光滑；

（3）管道中轴线与每张切片只有一个交点，切片间距离以及图像象素的尺寸均为 1；

（4）只依据所给的 100 幅图片中提取的数据进行计算，未知情况产生的误差不计；

（5）C_k 为单连通区域。

4. 问题分析

解决问题的关键在于找出中轴线与这 100 个断面的交点坐标，然后运用合理的方法拟合出中轴线方程。如果每一个截面有且仅有一个半径为球半径 R 的大圆，那么我们可以通过 Matlab 的图形图像处理函数提取所需要的数据，算出 100 个断面大圆的圆心点（断面与中轴线的唯一交点）坐标，由于此 100 个圆心点在中轴线上，我们就可以用这 100 个点来拟合中轴线方程。然而，仅由这 100 个点拟合所得的中轴线方程，可能会存在较大计算误差。那么，我们建立的模型应该是在准确求出各点坐标及球半径的同时，解决误差的问题，得出尽可能贴近真实的结果。据此，我们尝试建立了如下的模型。

5. 模型建立

方法一：最大内切圆法

从已知的 100 幅样本切片的照片中，我们可以在 $Z=k(k=0,1\cdots,99)$ 的切片 C_k 内找到它的最大内切圆，由直观猜测，这些最大内切圆应该是存在且唯一的，并且我们证明了这个结论（见（1）模型建立的理论依据）。对每个样本求出其半径及相应的圆心的坐标，由统计知识，我们可以用这 100 个最大内切圆半径的平均值来估算球半径 R。又因为每个圆的圆心均在中轴线上，因此我们可以通过这 100 个圆心的坐标拟合出中轴线的方程，进而可以求出中轴线在各个坐标面上的投影。

（1）模型建立的理论依据

设平面 $Z=k(k=0,1,\cdots,99)$ 截包络面 Σ 的切口为 ∂C_k，C_k 为 ∂C_k 所围成的单连通域，在域 C_k

内作其最大内切圆 S'，圆心为 O，交 C_k 于点 A 及 B。可以证明：当切片与中轴线不垂直时圆 S'存在且唯一（见定理 1 证明），并且有固定的滚球半径 $R=\frac{AB}{2}$。O 为中轴线上 $Z=k(k=0,1,\cdots,99)$ 上一点（见定理 2 证明）。

定理 1：单连通区域 C_k 的最大内切圆存在且唯一。

证明：

存在性：由于 C_k 为有界单连通区域，故最大内切圆必存在。

唯一性：为叙述方便先证定理 2。

由 C_k 的最大内切圆 S'存在，圆心为 O，交 ∂C_k 于 A、B 两点（如图 2.2.2 所示）。

一方面，过 A、B 两点且以 O 为圆心 R 为半径作滚球的大圆，则有

$$\frac{AB}{2}\leqslant R \qquad (*)$$

另一方面，域 C_k 是由 $Z=k(k=0,1,\cdots,99)$ 截滚球而得，且球心 $O_k\in C_k$。故 C_k 必包含一个过 O 点的大圆。又 S'为 C_k 的最大内切圆，因此

$$\frac{AB}{2}\geqslant R \qquad (**)$$

综合（*）（**）可知 $R=\frac{AB}{2}$，此次时圆心 O 与球心 O_k 两点重合。

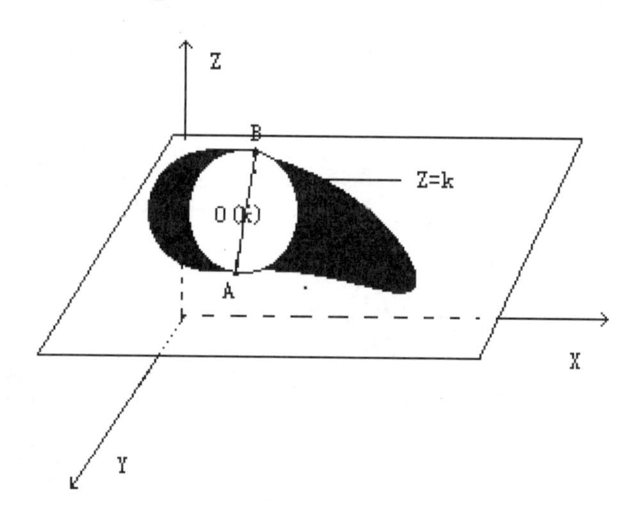

图 2.2.2　最大内切圆及圆心坐标

下证唯一性：（反证法）

若最大内切圆 S'不唯一。不妨令最大圆为 $S^{(1)},S^{(2)}$，由上证明知此时域 C 必包含 $O^{(1)},O^{(2)}$，且 $O^{(1)},O^{(2)}$ 为 $S^{(1)},S^{(2)}$ 的圆心，且为滚球的球心，有 $O^{(1)},O^{(2)}$ 在轴线上，这与轴线与平面 $Z=k(k=0,1,\cdots,99)$ 相交有且只有一个交点相矛盾，故 S'唯一得证。

定理 2：滚球半径 $R=\frac{AB}{2}$，其中 AB 为域 C_k 内的最大内切圆直径。

证明：由定理 1 唯一性证明可得证。

（2）寻找最大内切圆的算法

1）编程语言选择

由于在算法中涉及读取位图，求图像边缘等操作，并且在后面的工作中又要进行图形显示、数据拟合等，我们决定统一使用 MATLAB 进行编程，从而可直接利用 MATLAB 中提供的现成函数，大大缩短了算法实现时间。

2）算法思想

在对圆的圆心与半径未知的情况下，需要对截面上黑色区域 C_k 中各点判断是否可作为最大内切圆圆心。最容易想到的算法是采用穷举算法，对各种半径值进行测试，求出每点可做的最大圆，最后再求出最大内切圆。但这种算法计算时间太长，我们将上述算法改进如下：

记 ∂C_k 上点数为 N_k，各点记为 $P_1,P_2,\cdots,P_{N_k}$，C_k 中点数为 I_k，各点记为 $T_1,T_2,\cdots,T_{I_k}$，记 $d(x,y)$ 为 x,y 间的欧氏距离。首先对 C_k 中各点 $T_i(i=1,2,\cdots,I_k)$ 求出与边界 ∂C_k 上各点的最小距离 $D_i^{(k)}=\min(d(T_i,P_1),\cdots,d(T_i,P_{N_k}))$，显然在 T_i 点可做的最大圆半径为 $D_i^{(k)}$。$D^{(k)}=\max\{D_i^{(k)}:i=1,2,\cdots,I_k\}$ 即为 C_k 中最大内切圆半径。

求最大内切圆的圆心与半径的精确度取决于边缘提取的准确度。MATLAB 提供了边缘提取函数 edge，但该函数的算子对图像边缘进行了一定的光滑处理，这是我们所不希望的。从数学形态学上来看，求边缘相当于用 5 个点或 9 个点的结构元素对原图像进行腐蚀，再用原图像减去腐蚀图像。5 个点的结构元素形（如图 2.2.3（a）所示），MATLAB 中同时提供了实现上述操作的 bwperim 函数，可用 5 点或 9 点进行操作。为避免图 2.2.3（b）中标有 C 的像素被计入边界，我们选用 5 点结构元素进行操作。用该方法所求的边缘效果较好。图 2.2.3（c）中显示的是对第 0 幅图求得的边缘（经过 1 级放大）。

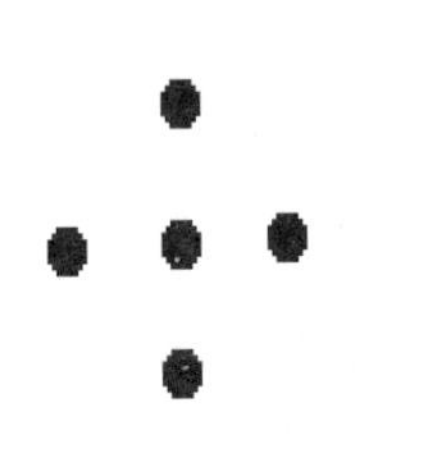

（a）放大的像素点

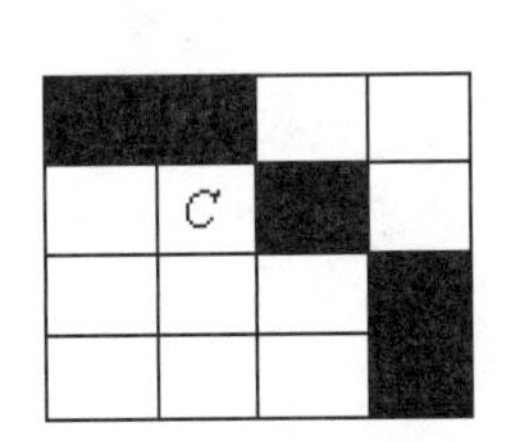

（b）　像素组成的边界

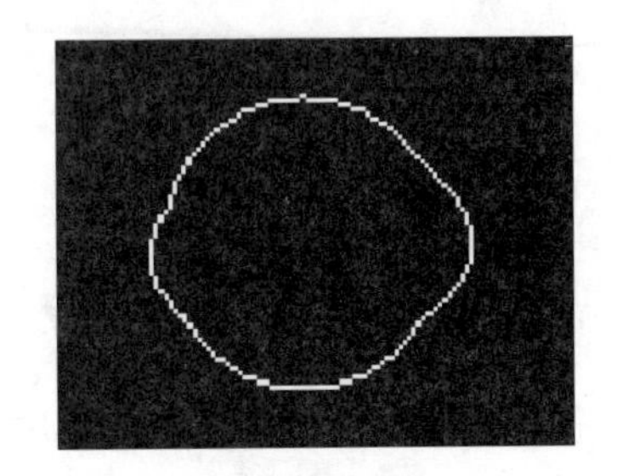

（c）图像边界

图 2.2.3　边缘提取

（3）计算结果

依上述算法，一方面我们可求得管道半径 $R=\frac{1}{100}\sum_{k=1}^{100}D^{(k)}$ =29. 6072，此时计算的半径 R 的标准误差 $\sigma=\sqrt{\frac{1}{100}\sum_{k=1}^{100}(R-D^{(k)})^2}=0.1354<0.5$，即用此算法得出 R 的误差不超过半个像素，我们有理由相信半径 R 取 30 的概率大于取 29，因此取半径 $R=30$；另一方面，利用中轴线上 100 个离散的点，我们分别作出这些点在三维坐标系 XYZ、面 ZX、ZY、XY 中的射影图形，

如图 2.2.4 所示。

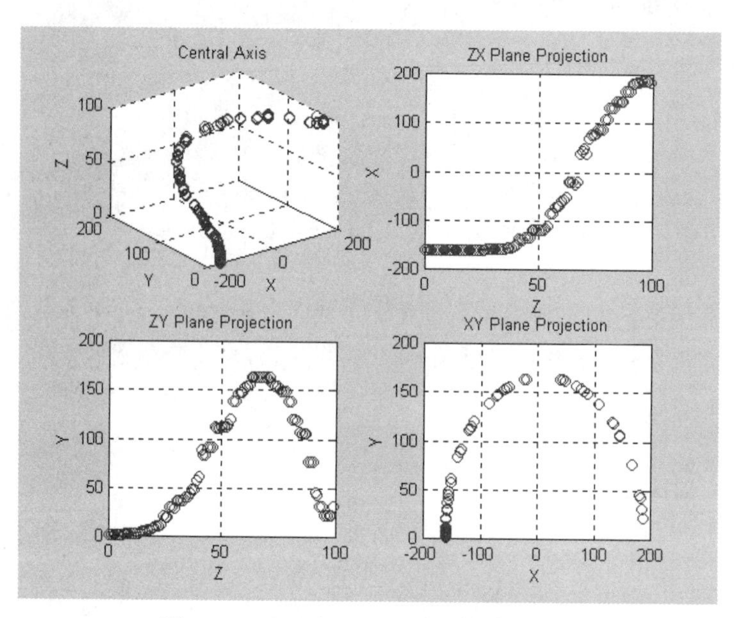

图 2.2.4 各坐标投影系下的中轴线图形

对求得的 100 个圆心，可用多项式插值或三次样条插值。多项式插值具有良好的稳定性与收敛性，但光滑性较差，而三次样条插值则具有很好的光滑性，即在只给出插值基点上的函数值的情况下，构造一些整体上具有二阶连续微商的插值函数。我们分别用 6 次多项式及三次样条拟合中轴线$\Gamma(t)$，并画出其在三维坐标系 XYZ 中图形及在面 ZX 、ZY 、XY 上的射影，结果如图 2.2.5、图 2.2.6 所示。

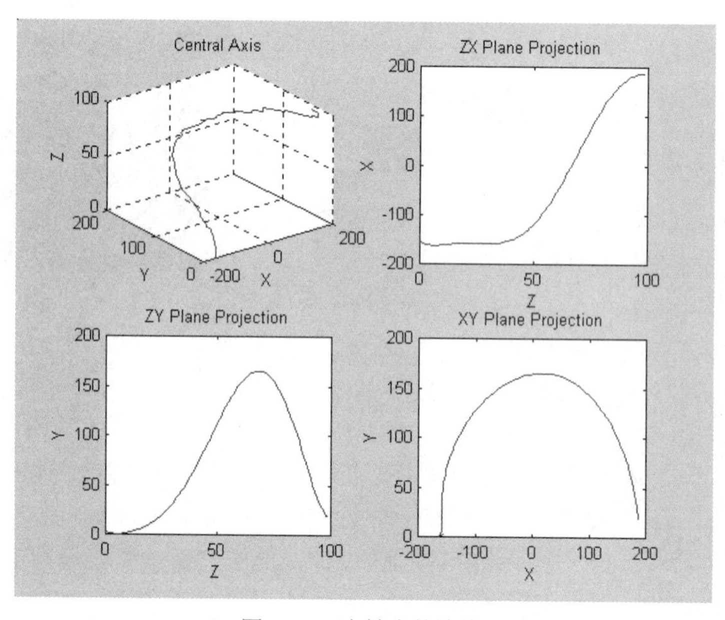

图 2.2.5 中轴点的连线

用 6 次多项式拟合的中轴线参数方程为：

$$\Gamma(t):\begin{cases} x(t)=1.19*10^{-8}t^6-3.7235*10^{-6}t^5+4.096742*10^{-4}t^4 \\ \quad -1.88109243*10^{-2}t^3+3.810073462*10^{-1}t^2-2.9443758054t-155.1815847087 \\ y(t)=9.6*10^{-9}t^6-2.2309*10^{-6}t^5+1.658591*10^{-4}t^4 \\ \quad -4.9507967*10^{-3}t^3+1.131717426*10^{-1}t^2-8.859927455*10^{-1}t+2.5702036159 \\ z(t)=t \end{cases}$$

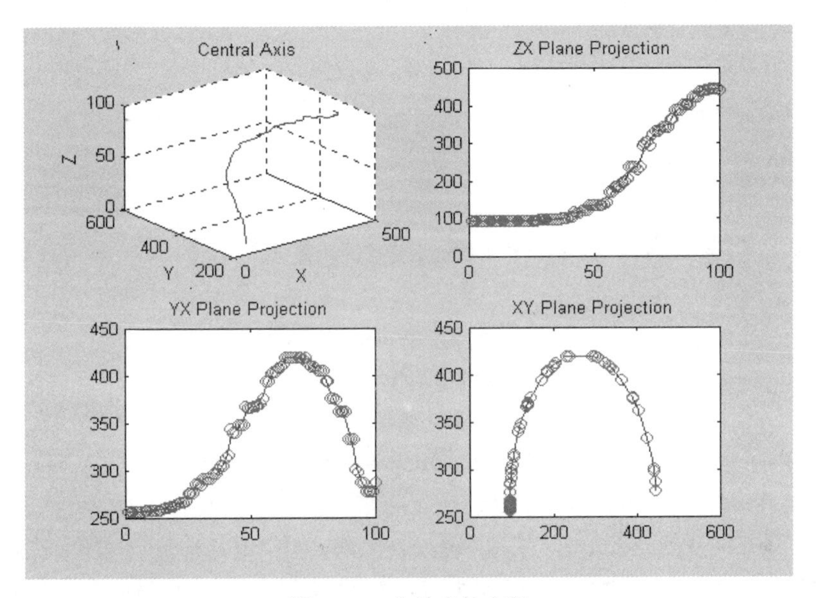

图 2.2.6　中轴点的方程

为建立模型 II，我们先给出定理 3 及其证明。

定理 3：设点 $F:(x_0,y_0,z_0)$ 为曲面 Σ 上的一点，则曲面 Σ 在该点的法线（内法线）$\vec{n}$ 必过中轴线 $\Gamma(t)$ 上某点 $P_0:\Gamma(t_F)$，且 $\|\overrightarrow{FP_0}\|=R$。

证明：因点 $F\in\Sigma$，而 Σ 由半径为 R 的球沿中轴线 $\Gamma(t)$ 滚动包络而成，故 $\exists t_F$ 使得点 F 属于以 $\Gamma(t_F)$ 为球心，半径为 R 的球上。因此球上点 F 的法线 $\vec{n}$ 指向球心 P_0：$\Gamma(t_F)$，且 $\|\overrightarrow{FP_0}\|=R$，证毕。

方法二：最小二乘求中轴线法

模型 I 对于计算管道半径 R 有很好的精确度。但是，该模型只能确定中轴线 $\Gamma(t)$ 上的 100 个点。由这 100 个点拟合出的中轴线方程可能与实际中轴线方程有一定的误差。因此我们在模型 I 计算出管道半径 R 的基础上，通过改进算法可以减小中轴线方程的拟合误差，由定理 3 可知截面边缘上任意一点 F 均对应中轴线上的一点，我们可以找出包络面上与其相邻的 4 点（具体的取点方法见下文的分析），进而求出中轴线上一点的坐标。随着 F 的变动，我们可以得出中轴线上的一系列的点，用最小二乘法可以估算出中轴线方程，从而得出中轴线在各个坐标面上的投影。可以证明此法拟合所得误差的平方和为所有多项式拟合的最小值。

我们设中轴线$\Gamma(t)$参数方程：$\Gamma(t):\begin{cases}x=x(t)\\y=y(t)\\z=z(t)\end{cases}$ （t为参数），由微分几何知识可知，以中轴线上各点为球心，半径为$R(t)$的球面的包络面Σ：

$$\begin{cases}F(x,y,z,t)=[x-x(t)]^2+[y-y(t)]^2+[z-z(t)]^2-R^2(t)=0 & (1)\\ \dfrac{\partial F(x,y,z,t)}{\partial t}=-2[x-x(t)]x'(t)-[y-y(t)]y'(t)-2[z-z(t)]z'(t)-2R(t)R'(t)=0 & (2)\end{cases}$$

由（1）、（2）消去参数t可得以$\Gamma(t)$为轴线的包络面Σ方程。

例如，对中轴线$\Gamma(t)$：$\begin{cases}x(t)=x_0\\y(t)=y_0\\z(t)=2t\\R(t)=2\end{cases}$ 由以上讨论可知：

$$\begin{cases}F(x,y,z,t)=(x-x_0)^2+(y-y_0)^2+(z-z_0)^2-4=0 & (1)'\\ \dfrac{\partial F(x,y,z,t)}{\partial t}=-4[z-2t]=0 & (2)'\end{cases}$$

由（1）'及（2）'可以得到包络面方程Σ：$(x-x_0)^2+(y-y_0)^2-4=0$。

模型的建立：以上讨论如已知$\Gamma(t)$，如何求其包络面Σ，问题是怎样从已知的 100 张离散的包络面Σ与面 $Z=k\,(k=0,1,\cdots,99)$ 相切的域C_k中求出 $Z=k\,(k=0,1,\cdots,99)$ 与$\Gamma(t)$的唯一交点$(x(t_k),y(t_k),z(t_k))(k=0,1,\cdots,99)$及半径$R$。

因为第一张切片为平面$Z=0$，故取参数t，使得$Z(0)=0$，又有管道中轴线与每张切片有且仅有一个交点，所以$Z(t)$为t的单调增函数，不妨取$Z(t)=t$，包络面Σ满足：

$$\begin{cases}[X-x(t)]^2+[Y-y(t)]^2+(z-t)^2-R^2=0\\ [X-x(t)]x'(t)+[Y-y(t)]y'(t)+(z-t)\cdot 1=0\end{cases} \quad (3)$$

由已知包络面上的点(X,Y,Z)，求出由上述方程组（3）确定的$x(t),y(t)$，t 的计算十分复杂。如果我们注意到（3）式的几何意义，则可大大简化计算。方程组（3）中第一式表示包络面上每点(X,Y,Z)都属于以中轴线为圆心的某个大圆上，而方程组（3）中第二式则表示包络线上每点与中轴线的某点连线与该点切线垂直，反之亦然。所以方程组（3）实际上即为以中轴线每点为圆心，以该点切向量为法向量，且半径固定为R的圆的轨迹。若点$F:(x_0,y_0,z_0)$为曲面Σ上的一点，则曲面Σ在该点的法线必通过中轴线上某一点 P:$\Gamma(t_0)$，且$d_{FP}=R$。

因此我们可以在包络面Σ上任取一点$F:(x_0,y_0,z_0)$，过点F我们可以分别作两条曲线Γ_1,Γ_2。过点F分别作Γ_1,Γ_2的切线$\vec{n}_1,\vec{n}_2$。由上分述知$\vec{n}_1,\vec{n}_2$的外积$\vec{n}$必指向中轴线上某点$\Gamma(t_0)$，以点$F:(x_0,y_0,z_0)$为始点，模长为R，沿$\vec{n}$方向的终点即为中轴线上点$\Gamma(t_0)$。模型所求问题可简化为由包络面上的点$F:(x_0,y_0,z_0)$估算出与其对应的中轴线上的点$\Gamma(t_0)$。在 100 张切面照片上可分别取一些点列，得出相应的中轴线上的点列。在三维空间可用多项式曲线拟合。具体计算步骤如下：

Step1　在面$Z=k\ (k=0,1,\cdots,99)$的截面切口∂C_k上取点$F_{k1}:(x_{k1},y_{k1},k)$；

$F_{k2}:(x_{k2},y_{k2},k)$，...，$F_{kN}:(x_{kN},y_{kN},k)$（N 可取 6 或 8）。

Step2　过点 F_{ki} 作曲线 Γ_1 及 Γ_2，其中 Γ_1 可由过 ∂C_k 上另两点 F_{ki+1},F_{ki-1}（取与 F_{ki} 间距较小的点）及 F_{ki} 的二次曲线 $\Gamma_1:\begin{cases}x=x\\ y=a_1x^2+b_1x+c_1\\ Z=k\end{cases}$ 来拟合；而 Γ_2 可由过 F_{k_i} 及相邻的上下两个切口 ∂C_{k-1}，∂C_{k+1} 上的两点，用二次曲线 Γ_2 来拟合，为简化计算取 $x=x_0$ 恒定，

因此 $\Gamma_2:\begin{cases}x=x_0\\ y=y\\ z=a_2y^2+b_2y+c_2\end{cases}$

Step3　由上述分析知 Γ_1 的切向量 $\vec{n}_1:(1,2a_1x_0+b_1,0)$，$\Gamma_2$ 的切向量 $\vec{n}_2:(0,1,2a_2x_0+b_2)$，向量 $\vec{n}_1$ 与 $\vec{n}_2$ 的外积 $\vec{n}=-\vec{n}_1\times\vec{n}_2=(-(2a_1x_0+b_1)(2a_2y_0+b_2),-2a_2y_0+b_2,-1)$。

Step4　点 F_{ki} 对应的中轴线上的点 $\Gamma_{t_{ki}}$：$(x(t_{ki}),y(t_{ki}),t_{ki})$，有 $\overrightarrow{F_{ki}\Gamma_{ki}}=R\dfrac{\vec{n}}{\|\vec{n}\|}$，即有：

$(x(t_{ki}),y(t_{ki}),t_{ki})=(x_{ki}-R'(2a_1x_0+b_1)(2a_2y_0+b_2),y_{ki}+R'(b_2-2a_2y_0),t_{ki}-R')$，其中 $R'=\dfrac{R}{\|\vec{n}\|}$。

Step5　对每个 $Z=k\ (k=0,1,\cdots,99)$ 面上取定的 N 个点重复以上各步，求得中轴线上的一个有限点列 $\{\Gamma(t_{ki})\}(k=0,1,\cdots,99;i=1,2,\cdots N)$，用最小二乘法即可估算出中轴线 $\Gamma(t)$ 的方程。以上各步如图 2.2.7 所示。

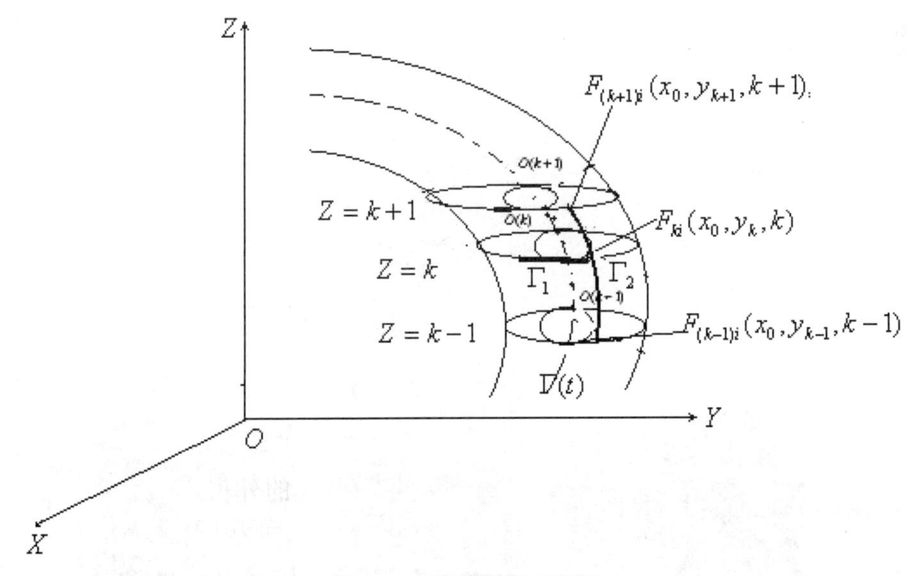

图 2.2.7　血管截面示意图

计算结果：用三次多项式拟合得中轴线 $\Gamma(t)$ 方程，$\Gamma(t)$ 在各面的投影，如图 2.2.8 所示。

$$\Gamma(t):\begin{cases} x(t) = -0.0006t^3 + 0.1458t^2 - 5.1804t - 128.476 \\ y(t) = -0016t^3 + 0.1943t^2 - 3.6632t + 14.3720 \quad , \quad t \in [0,99] \\ z(t) = t \end{cases}$$

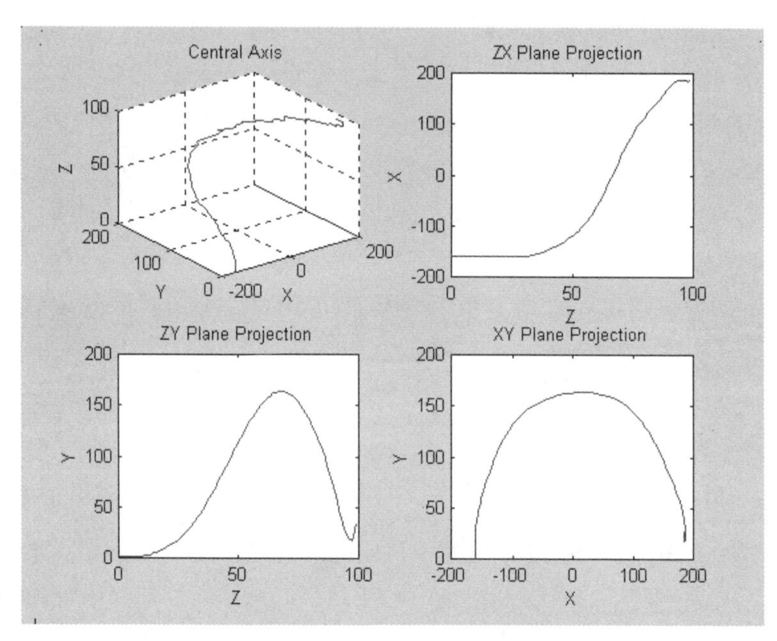

图 2.2.8 三次多项式拟合图

6. 模型的检验和评价

拟合出中轴线的参数方程$\Gamma(t)$并求出滚球半径R后，我们希望检验重构出的管道是否足够逼近真实的管道，这可通过对重构后的管道用面$Z=0,1,2,\cdots,99$截取 100 个截面，然后通过将截面边界与相应的原图像边界叠加进行比较，图 2.2.9 所示即为面$Z=15,70,85$依次截管道的曲面边界与相应的原图像边界叠加后的结果。检验结果显示，重构效果较好，但是对于较大的Z值，所对应的中轴线渐趋平缓，相应地，模型所求得的球心在中轴线上分布较为稀疏（这一点从投影图上很容易看出），拟合的效果不是很理想。因此，我们建议在中轴线较为平缓的地方按照一定的规则多取些点求平均值，得到更多更精确的样本，进一步提高这一段轴线的精确度。

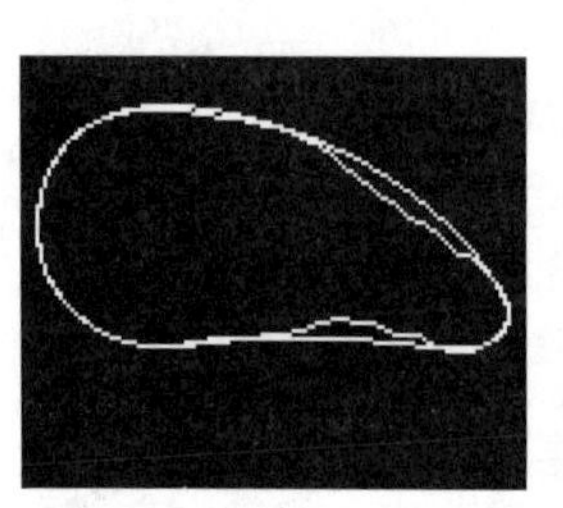 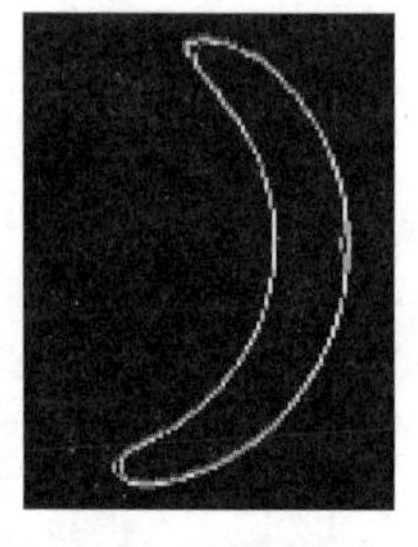 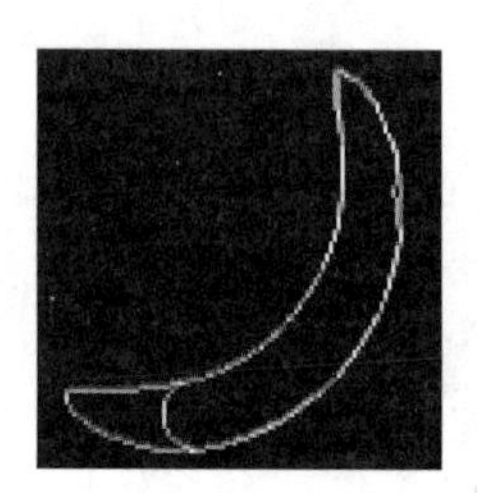

图 2.2.9 验证图

参考文献：

[1] 何斌，马天予，王运坚，朱红莲．Visual C++数字图像处理．北京：人民邮电出版社
[2] 龚剑，朱亮．MATLAB 5.X 入门与提高．北京：清华大学出版社
[3] 苏步青，胡和生，沈纯理等．微分几何．北京：人民教育出版社
[4] 高上凯．医学成像系统．1996

2.2.2 2005 年国际 MCM—B 题

For office use only	Team Control Number	For office use only
T1 ________	**96**	F1 ________
T2 ________		F2 ________
T3 ________		F3 ________
T4 ________	Problem Chosen	F4 ________
	B	

2005 Mathematical Contest in Modeling (MCM) Summary Sheet

Exactly solvable multi-lane deterministic discrete traffic model with tollbooths

Summary

Tolls are collected on many highways as means of controlling the traffic and revenue generation. However, the presence of tollbooths on highway surely slows down the traffic flow, which will make the motorist angry. In order to minimize the annoyance, we are asked to make a model and determine the optional number of tollbooths to alleviate the congestion at the toll plazas. And we are required to compare the improved approach with the current practice.

In order to simplify the question, we make some necessary assumptions, such as: the attendants' skilled degree and the charging system are the same. The model we discussed is based on the single tollbooth.

According to the analysis of the tollbooths problem, we can see that :

The total time spent at the toll plazas is determined by $t_1+t_2+t_3$. And in our model we'll take them into consideration respectively. After analysing the minimum of T, we'll answer the problem and give an optional number of the tollbooths. We make our model: multi-lane deterministic discrete traffic model. Our paper investigates how the presence of tollbooths affect the traffic flow in multi-lane divided highways. Using our traffic model, we get the relationship between n and n_0, where n stands for the number of the tollbooths, n_0 stands for the number of lanes. The conclusion is that $k = n/n_0 = \sqrt{b/a}$. According to the related data, we can know that $k \in (1,2)$. In our model, we get $k \approx 1.5$, therefore, if $n_0 = 4$, then $n \approx 6$.

Usually, a and b are not definite values, which vary with some parameters, such as: S,V,Q, etc. But the change of k is not obvious. There are two types of servers at the toll plazas: Manual and Automated servers. Then we introduce the weighed function to get the weighted arithmetic mean. Let the weights of p and q are λ and $1-\lambda$ respectively. Then we find the weighs' influence is more obvious.

In our paper, we have compared the current practice with the improved methods. The conclusion is that :

1: If $n < n_0$, then the total time rises

2: If $n = n_0$, then the total time doesn't change

3: If $n < n_0$, the total time T depends on k

$$\text{When } k^* = \sqrt{b/a}\ ,\quad f(k) \le f(k^*),\quad k \ge 1$$

We can get the relationship between n and n_0, using our traffic model. It's very solvable. But our model also has it's weakness.

The model is based on the simple tollbooth, as the Figure a shows. Then in the suggestion we take the influence of double tollbooth into consideration, which makes the model perfect.

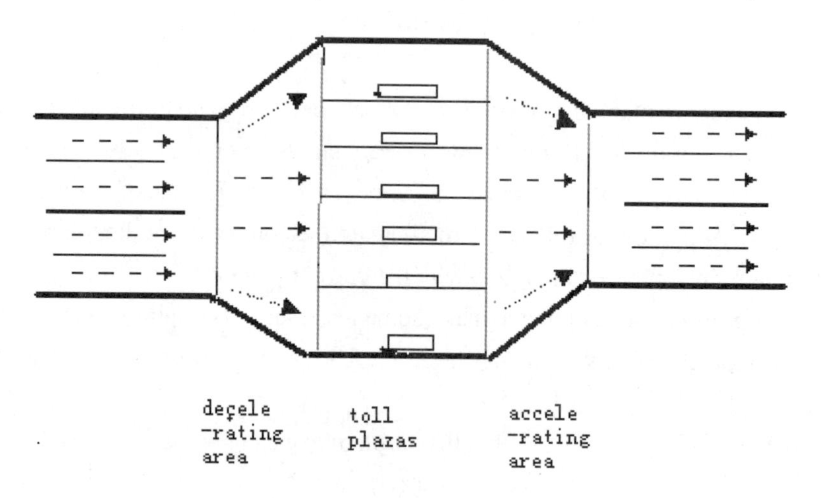

Figure a: Single tollbooth system

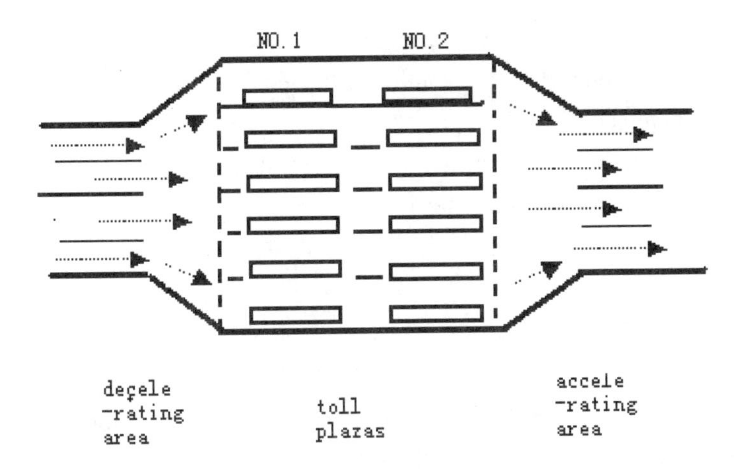

Figure b: Double tollbooth system

Key words: exactly solvable model, traffic flow, toll plazas

Introduction

The traffic problems are very common, especially in the big city. Tolls are collected on many highways as means of traffic control and revenue generation. However the tollbooths slow down the flow of the vehicles. So the motorists dissatisfy with them and the disruption may have bad effect on economics and the revenue. How to solve the problem? One suggestion is that building more tollbooths than the number of travel lanes entering the toll plaza. Upon entering the toll plaza, the flow of vehicles fans out to the larger number of tollbooths, and when leaving the toll plaza, the flow of vehicles fans out to squeeze back down to a number of travel lanes equal to the number of travel lanes before the toll plazas , which shows in Figure1:

Figure 1

Consequently, when traffic is heavy, congestion increases upon departure from the toll plaza. When traffic is very heavy, congestion also builds at the entry to the toll plaza because of the time required for each vehicle to pay the toll.

So we are asked to determine the optimal number of tollbooths to deploy in a barrier-toll plaza, and compare the current practice with the improved methods.

Notations

n_0 : the number of lanes

n : the number of tollbooths

a : the average time spent on the accelerating region and the moderating

b : the average charging time at the tollbooth

s : the average distance between two car

Q : throughput of the tollbooths

V : the speed of the vehicles

The current practice (the number of tollbooths is n_0)

t_1 : the time from the decelerating region to the entry of the tollbooths

t_2 : the time from exit of the tollbooths to the accelerating region

t_3 : the service time at the tollbooths

When the number of tollbooths is n

t_1' : the time from the decelerating region to the entry of the tollbooths

t_2' : the time from exit of the tollbooths to the accelerating region

t_3' : the service time at the tollbooths

Assumptions

In order to make our model simple, we make some assumptions:

1 The attendant s' skilled degree and the charging system are same.

2 The time of a car spent on the tollbooths is same, and the random factors are not considered.

3 The vehicle receives service fist as long as it arrives fist, which means it follows the principle of FCFS. And it also follows the principle of FIFO.

4 The model we discussed is based on the single tollbooth.

Analysis of the problem:

The problem requires us to determine the optimal number of tollbooths to deploy in a barrier-toll plaza, and compare the current practice with the improved methods.

We can see that the existence of tollbooths will block the traffic flow and annoy the motorists. In order to minimize the annoyance, we have to increase the speed of vehicles, that is to say , we have to reduce the time spent on the toll plaza.

The time can be divided into three parts: t_1', t_2', t_3', and T=$t_1'+t_2'+t_3'$. Usually t_2' is a fixed value, so T is determined by $t_1'+t_3'$.

Case1: if $n>n_0$, then $t_1'>t_1$, $t_2'=t_2$, $t_3'>t_3$

Case 2: if $n=n_0$, then $t_1'=t_1$, $t_2'=t_2$, $t_3'=t_3$

Case 3: if $n<n_0$, then $t_1'>t_1$, $t_2'=t_2$, $t_3'>t_3$

According to the analysis, we now only pay more attentions to the case 1, in which case, the number of tollbooths is much larger than number of lanes. ,

But the ratio $k = n/n_0$ can not be too large, because large ratio will cause other problems: fist, the congestion increases upon departure from the toll plaza because of the limited lanes, although the entry to the toll plaza will not be delayed. Secondly, building too much tollbooths cause the waste of resource of a country, which cannot be called 'the optimal number'.

The ratio $k = n/n_0$ also can not be too small. Because few tollbooths can not solve the problem. In the following model we will pay more attention to the ratio k, then we get the optimal number of tollbooths and successfully solve the problem.

Design of model

Let $k = n/n_0$

$f(k)$ stands for the total time spent on the system or toll facility

$$f(k)=\frac{b}{k}+ka \qquad k\geqslant 1 \tag{1}$$

1. Justification of the traffic model:

(1) When $k=1$, the service time of a vehicle spent on the tollbooths is b, when $k>1$, the rate of a car receiving service is k times as much as the current practice. That means the time is $\frac{b}{k}$ now.

(2) The destiny and the chose of tollbooths cause the delay of the time spent on the accelerating region and the moderating region. Then the time spent on this place is $k*a$.

2. Sureness of a and b

(1) Value a

The arrival vehicles are $V/S(vph)$, so $a=3600*S/V(s)$

(2) Value b

Usually there are two types of servers at the toll plazas: Manual and Automated servers. The manual-servers category involves a composite case of human and electronic toll collection capability. The average service time for a manual tollbooth is p (s) and the average service time for a automated tollbooth is q (s). So b can be determined by weighted average:

$$b = \lambda p + (1-\lambda)q, \qquad \lambda \in (0,1) \tag{2}$$

Where, λ is the weight of the p and $1-\lambda$ is the weight of q.

Under this service category, where henceforth the weight λ will be referred to as 0.5, and the number of p and q can be get from the past experience or the computer simulation.

If there is only manual-servers category, and the servers have the same proficient degree, thus b can be determined by $3600/Q$.

3. Discussion of ratio k

（1）$k=1$, that is to say $n=n_0$, which shows in Figure 2:

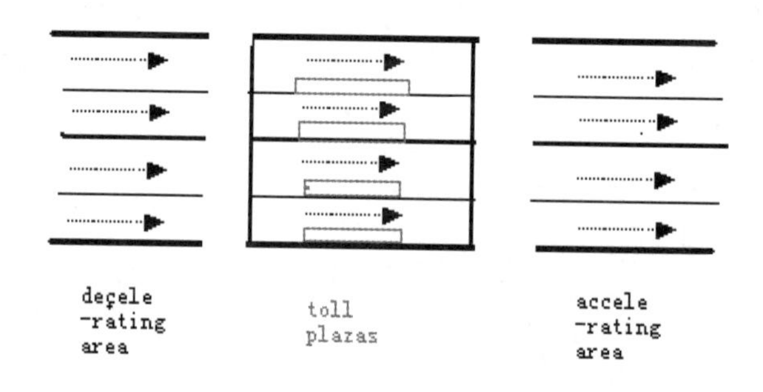

Figure 2: $n = n_0$

The congestion will not happen in the accelerating region, so the case $k>1$ can alleviate the congestion , but the ratio $k = n/n_0$ cannot be too large, because large ratio will cause other problems: fist, the congestion increases upon departure from the toll plaza because of the limited lanes, although the entry to the toll plaza will not be delayed. Secondly, building too much tollbooths cause the waste of resource of a country, which cannot be called ‘the optimal number’.

（2）$k>1$, that is to say $n>n_0$, which shows in Figure 3:

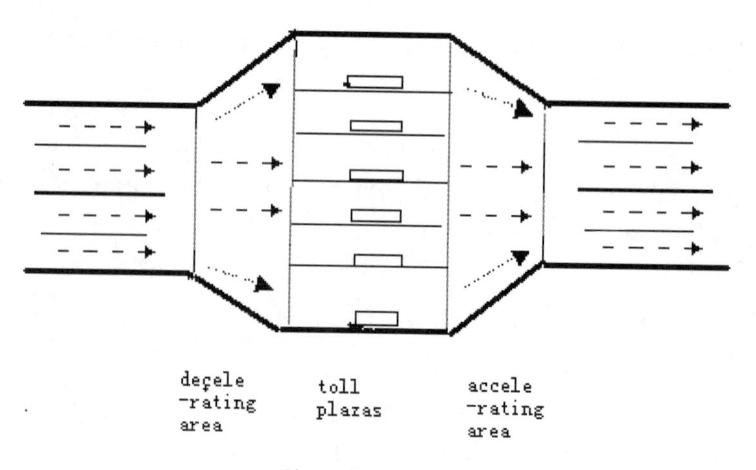

Figure 3: $n > n_0$

$$\because \quad f(k)=\frac{b}{k}+ka$$

$$\therefore \quad f'(k)=-\frac{b}{k^2}+a$$

Order $f'(k)=0$

$$\Rightarrow k=\sqrt{\frac{b}{a}} \tag{3}$$

$\therefore \quad k=\sqrt{\frac{b}{a}}$ is the extreme point of $f(k)$

when $k=\sqrt{\frac{b}{a}}$, $f(k)''\big|_{k=\sqrt{b/a}}=\frac{2b}{k^3}\big|_{k=\sqrt{b/a}}=\frac{2b}{\left(\sqrt{b/a}\right)^3}>0$

$\therefore k=\sqrt{\frac{b}{a}}$ is the minimum of $f(k)=\frac{b}{k}+ak$

$$\therefore \min_{k\geqslant 1} f(k)=f(\sqrt{b/a})=2\sqrt{ab} \tag{4}$$

According to the previous analysis, the relationship between k and $f(k)$ shows in Figure 4:

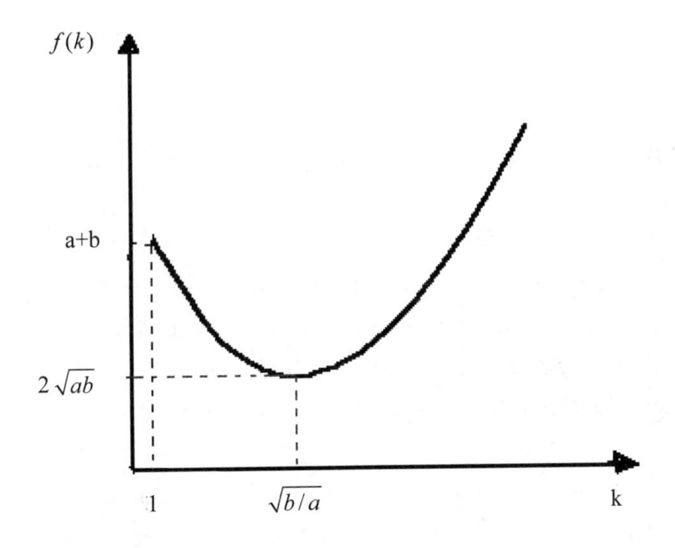

Figure 4: the relationship between k and $f(k)$

Order $k^*=\sqrt{\frac{b}{a}}$, then the optional number of the tollbooths is $n=n_0\times k^*$. Therefore, if we know the values of n_0, s, V and Q, we can get the value n.

Example 1: According to [1] $V=104\,\text{km/h}$

$S=105\,\text{m}=0.105\,\text{km}$

$Q=400$

$$\Rightarrow \qquad b = \frac{3600}{400} = 9(s)$$

$$a = \frac{S}{V} = \frac{0.105 * 3600}{104} \approx 3.65(s)$$

$$k = \sqrt{9/3.65} \approx 1.5$$

$$\Rightarrow \qquad \frac{n}{n_0} \approx 1.5$$

Therefore, if $n_0 = 4$, then $n \approx 6$.

The nature of the optional number of the tollbooths :

(1) $\because \quad f(k) = \frac{b}{k} + ka$

$$\therefore \quad f(k^*) = 2\sqrt{ab} = \frac{b}{k^*} + ak^* \quad \text{and} \quad \frac{b}{k^*} = a * k^* = \sqrt{ab} \qquad (5)$$

From the equation (5), we can see that : the service time at the tollbooths is equal to the time at the accelerating region.

(2) $k > k^*$ is unsuitable, because too much tollbooths can not shorten the time and waste more money. The ratio k can not be too small, because it also can cause disruption when the vehicles come to the toll plazas.

Comparison

The comparison between the improved methods with the current practice:

The current practice(k=1):

It's easy to know that the total time spent in the system or toll facility is $a + b$. The advantage of the practice is that the congestion won't be happened at the accelerating region. But when the destiny reaches to a certain degree, the congestion cannot be avoided at the exit of the tollbooths. So we should build more tollbooths. The number of tollbooths should ascend. But much tollbooths will cause the waste of material and human resource. So we need to fix the rate k to balance the two conditions.

From the above we know the number of lanes is larger than the number of tollbooths. Comparing with the current practice, the time spent at the accelerating region hardly changes. But fewer tollbooths may result in the delay of total time. There are three kinds of changes on the total time spent on the toll plaza : unchange, ascend, descend. Our work is to fix the ratio k.

Our conclusion is that:

1: If $n < n_0$, then the total time rises

2: If $n = n_0$, then the total time doesn't change

3: If $n < n_0$, the total time T depends on k

$$\text{When } k^* = \sqrt{\frac{b}{a}}, \quad f(k) \leqslant f(k^*), \quad k \geqslant 1$$

Strengths and Weakness

Strengths :

In order to minimize motorist annoyance by limiting the amount of traffic disruption caused by the toll plazas, we make a traffic model and analyse the relationship between the number of lanes and the number of tollbooths. If we have know the values of V S and k .we can get a optional number of n. It's very useful and helpful to the problem. We compare the current practice with the improved methods. Then we can get the conclusion: when $k=\sqrt{b/a}$, the delaying time is always less than the current practice. It's rather effective.

Weakness:

In the traffic flow model, we regard the time spent on the accelerating region and the decelerating region as $k*a$. But the block of the phenomenon in the road is very complicated, and it depends on the volume of the road and the jam density, n, n_0 and the time vehicles spent on the tollbooths. And the time spent on the accelerating region is different from the decelerating region. The two conditions above we don't discuss carefully. And it can be discussed further according to the collected data and the stimulation of computer.

Testing and sensitivity of the Model

In the traffic model $$f(k)=\frac{b}{k}+k*a$$

Order $V=110\text{km/h}$

$$S=200m=0.2\text{km}$$

$$Q=400$$

$$b=\frac{3600}{400}=9(\text{s})$$

$$\Rightarrow a=\frac{S}{V}=\frac{0.2*3600}{110}\approx 6.5(\text{s})$$

$$k=\sqrt{9/6.5}\approx 1.2$$

$$\Rightarrow \frac{n}{n_0}\approx 1.2$$

If $n_0=4$ then $n=5$

Order $V=120\text{km/h}$

$$b=\frac{3600}{400}=9(\text{s})$$

$$\Rightarrow a=\frac{S}{V}=\frac{0.2*3600}{120}\approx 6(\text{s})$$

$$k=\sqrt{9/6}\approx 1.2$$

$$\Rightarrow \frac{n}{n_0} \approx 1.2$$

If $n_0 = 4$ then $n = 5$

Order $S = 150$ m=0.15km

$$b = \frac{3600}{400} = 9(\mathrm{s})$$

$$\Rightarrow a = \frac{S}{V} = \frac{0.15 * 3600}{110} \approx 5(\mathrm{s})$$

$$k = \sqrt{9/5} \approx 1.34$$

$$\Rightarrow \quad \frac{n}{n_0} \approx 1.34$$

If $n_0 = 4$, then $n = 5$

From the analysis, we can see that the V and S change within the small limitation, the result doesn't change much .

If $b = \lambda p + (1-\lambda) q$, $\lambda \in (0,1)$

Order $p = 10\mathrm{s}, q = 5\mathrm{s}, \lambda = 0.5$

$$b = 7.5(\mathrm{s})$$

$$\Rightarrow \quad a \approx 6.5(\mathrm{s})$$

$$k = \sqrt{7.5/6.5} \approx 1.1$$

If $n_0 = 4$, then $n = 4$

From the analysis we can see λ change within the limit, the result change more obvious.

Suggestion and Conclusion:

1. There are many parameters in the model above, such as: S, V, a, b, Q. So if we want to find the optional number (n), we'd better fix it base on the equation and the circumstances. For example: the volume of the road and the economy of the states.

2. b is fixed in the model we discussed above. But conditions are different from place to place. We suggest using the following charging model to fix the service time at the tollbooths:

In the model, the charging time is stochastic. On one condition, the vehicles have no effect with each other on the accelerating region. On another condition, the vehicles speed down because of the vehicles still in the tollbooths when reaching it.

The model is that:

$$
\begin{cases}
t=(0.4+0.2r)\bar{f} & 0\leqslant r\leqslant 0.1 \\
t=(0.5143+0.8571)\bar{f} & 0.1<r\leqslant 0.8 \\
t=(-0.9336+2.677r)\bar{f} & 0.8<r\leqslant 0.95 \\
t=(-21.2+24r)\bar{f} & 0.95<r\leqslant 1.0
\end{cases}
$$

Where t : the time at a certain toll plaza

$\bar{f}$: the average charge time at the tollbooths

r : the weight of different condition.

3. The discussion about how to increase the flow of car:

（1）Increase the number of the tollbooths;

（2）Adopt the double tollbooth system or multi-tollbooth system, the double tollbooth system shows in Figure 5:

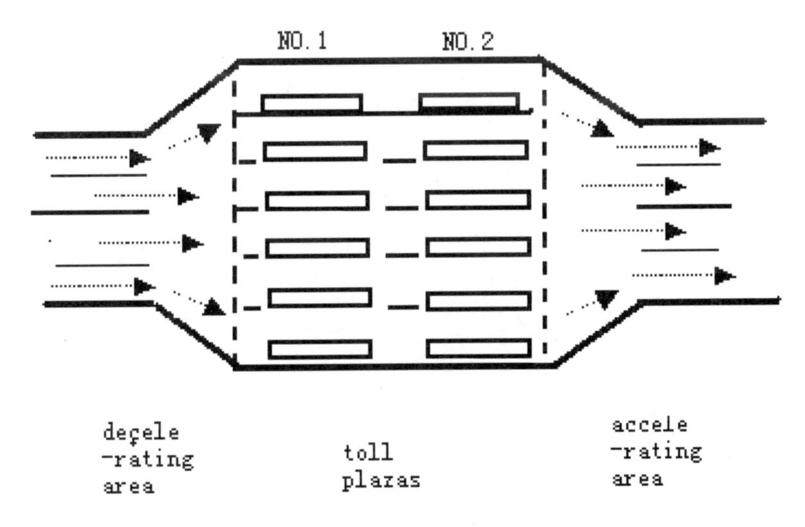

Figure 5: double tollbooth system

Take the double tollbooth system for example: t_1 : unchanged, t_2: variable, t_3 : unchanged, and t_2 : descending. Two cars pass a tollbooth at the same time, but there are two types of servers at the toll plazas: Manual and Automated servers. And the time depends on the manual servers. Then the average service time at the whole toll plazas is half as much as the current practice. Only one of cars is charged by manual servers. So the time is regarded as half the current practice.

References

[1] .Economics Daily,PRC.(16 June 2003),http://www.sina.com.cn

[2] Cheng Tongming,The Record of Investigation of the American Expressway, Command post of the expressway Lianyungang City ,PRC, Postcode :222002.

[3] .M.Fukui,Y.Ishibashi,J.Phys.Rev.Soc.Jpn.65(1996) 1868

[4] .S.Yukawa,M.Kikushi,S.-I.Tadaki,J.Phys.Soc.Jpn.63(1994) 3609

[5] K.H.Chung,P.M.Hui,J.Phys.Soc.Jpn.63(1994) 4338

[6] Z.Csahok,T.Vicsek,J.Phys.A(Lett.) 27 (1994) L591.

[7] J.Torok,J.Kertesz,Physica A 231 (1996) 515

[8] Wang Dan, Systematic Analytical Method Of Traffic Engineering Of The Road,Dongnan University,Nanjing,PRC, Publishing house of Dongnan University(1999)

第三部分　综合训练

训练 1　MATLAB 程序设计试卷 1

得分	

一、单选题（本题共 10 小题，每小题 2 分，共 20 分）

1．下列关于 MATLAB 的说法中，错误的是______。

A）矩阵在 MATLAB 中是按先行后列的方式存储的

B）若我们直接指定变量，则系统不再提供 ans 变量

C）变量名中的英文字母大小写是有区别的

D）数据文件以.mat 作为扩展名

2．清空 MATLAB 工作空间内所有变量的指令是______。

A）close　　B）clc　　C）clear　　D）clf

3．下列可以作为 MATLAB 变量的是______。

A）char_1　　B）3x　　C）x\y　　D）end

4．已知 a = 2:2:8，b = 2:5，则在下面的运算表达式中，错误的是______。

A）a+b　　B）a*b　　C）a.*b　　D）a-b

5．求矩阵行列式值的指令是______。

A）inv　　B）diag　　C）det　　D）eig

6．下列选项中函数名称与函数功能不匹配的一项是______。

A）plotyy，绘制具有两个纵坐标刻度的图形　　B）polyval，多项式求值

C）hold on，保持原有图形　　D）root，求方程的解

7．在程序流程控制中，break 命令的作用是________。

A）返回上级调用　　B）跳出循环体

C）中止本次循环　　D）终止程序运行

8．MATLAB 函数文件的基本结构是______。

A）function [输出形参表]=函数名(输入形参表)

　　注释说明部分

　　函数体语句

B）function　函数名(输入形参表)

　　注释说明部分

　　函数体语句

C）函数名(输入形参表)

　　注释说明部分

　　函数体语句

D）函数名(输入形参表)=[输出形参表]
　注释说明部分
　函数体语句

9．在 MATLAB 中，句柄是 1 的对象是______。

A）根对象　　B）坐标轴　　C）屏幕　　D）窗口

10．在 Simulink 对象库中，以下属于输入模块组的是______。

A）Scope　　B）Sum　　C）Step　　D）Integrator

二、填空题（本题每空 2 分，共 20 分）

得分	

1．在 MATLAB 语言中，若要查找一个不知其确切名称的函数名时，应使用____【1】____命令来实现。

2．x 为从 0 到 4π 步长 0.1π 的向量，使用命令____【2】____创建。

3．结构数组元素____【3】____，细胞数组元素____【4】____。

4．用于将图像文件读入 MATLAB 工作空间的函数是____【5】____。

5．设有矩阵　$A=\begin{pmatrix}1 & 2 & 3 & 4\\ 5 & 6 & 7 & 8\end{pmatrix}$

则 sum(A)= ____【6】____

sum(A,2) =____【7】____

prod(A)= ____【8】____

6．MATLAB 的 M 文件有命令方式和____【9】____方式两种形式。

7．在 MATLAB 环境中，要进行系统仿真，可以在命令窗口直接键入____【10】____。

三、阅读理解题（每小题 3 分，共 12 分）

得分	

1．执行以下代码后，C、D、E 的值分别是__________。

```
A=eye(3,3);
B=[A;[4,5,6]];
C=B'
D=B(1:3,:)
E=B([1 4 6 8])
```

2．执行以下代码后，MATLAB 命令窗口上显示的 array 的值是__________。

```
for k=4:10
   if k>6
      break;
   else
      array(k)=2*k-1;
   end
end
array(1:3)=[];
disp(array);
```

3．下列 M 文件的执行结果是__________。

```
x=[1 1];
for n=3:8
    x(n)=x(n-1)+x(n-2);
end
disp(x)
```

4．下面代码实现的功能是__________。

```
dsolve('D2y=1+Dy ','y(0)=1','Dy(0)=0')
```

四、计算题（每题 3 分，共 18 分）

得分	

（注意：只需写出指令，不必给出具体结果）

1．求极限：$\lim\limits_{x\to\infty}\left(\dfrac{x+a}{x-a}\right)^x$。

2．设$f(x)=\dfrac{\sin(x)}{x^2+4x+3}$，求 $f'(x)$、$f''(x)$ 及 $f''(\frac{\pi}{6})$。

3．求积分 $\int_0^{+\infty}\dfrac{\sqrt{x}}{(1+x)^2}\mathrm{d}x$。

4．求下面线性方程组的解。

$$\begin{cases}2x_1+x_2-x_3=6\\3x_1-2x_2+x_3=5\\5x_1-3x_2-x_3=16\end{cases}$$

5．将多项式 $1+3x+5x^2-2x^3$ 表示成 $x+1$ 的幂的多项式。

6．某企业 2004～2010 年的生产利润如下表：

年份	2004	2005	2006	2007	2008	2009	2010
利润（万元）	70	122	144	152	174	196	202

试编写程序，先做出已知数据的的散点图，再选用 $y=a_1x+a_0$ 作为拟合函数来预测该企业 2011 年和 2012 年的利润。

五、思维拓展题（每题 10 分，共 30 分）

得分	

1．使用 MATLAB 编程可以帮助我们解决很多实际问题，而我们不仅要会编写应用程序，也要读懂他人编写的源代码。分析下面的一段程序：

```
function s=myfun(A,B,C)
switch nargin
case 0
    disp('输入参数至少为一');
case 1
    m=size(A);
```

```
        if m(1)==1
            plot(A);
        else
            plot(diag(A));
        end
    case 2
        m=size(A);n=size(B);
        if m(2)==n(1)
            s=A*B;
        elseif m==n
            s=A.*B;
        else
            disp('请检查输入矩阵的行列数');
        end
    case 3
        m=length(A);n=length(B);p=length(C);
        if m<=n & m<=p
            A1=A(:)';
            s=roots(A1);
        elseif n<=p
            B1=B(:)';
            s=roots(B1);
        else
            C1=C(:)';
            s=roots(C1);
        end
end
```

现有下面的三个矩阵：

$$A=\begin{bmatrix}17&24&1&8&15\\23&5&7&14&16\\4&6&13&20&22\\10&12&19&21&3\\11&18&25&2&9\end{bmatrix}\quad B=\begin{bmatrix}1&0&0&2&0&-1\\0&1&3&0&0&0\\5&0&2&-3&0&0\\0&0&7&1&0&3\\0&4&0&0&1&0\end{bmatrix}\quad C=\begin{bmatrix}35&1&6&26&19&24\\3&32&7&21&23&25\\31&9&2&22&27&20\\8&28&33&17&10&15\\30&5&34&12&14&16\\4&36&29&13&18&11\end{bmatrix}$$

调用 S1=myfun(A,B)，S2=myfun(A,B,C)，分析以上程序，回答以下问题：

（1）程序中的 nargin 起到什么作用？

（2）输入 S1=myfun(A,B)后，采用哪一个公式进行运算，这里的 if…elseif…else…end 起什么作用？

（3）输入 S2=myfun(A,B,C)后，使用 M1=M(:)'（M 代表 A,B,C 中的任一个）的具体作用是什么？

2．数据分析是 MATLAB 的一个很重要的应用。下表是某市 24 小时内 3 个不同位置发生汽车交通事故次数的数据统计表（数据保存在文件 count.xls 中）。

时间	位置 1	位置 2	位置 3
01h	11	11	9
02h	7	13	11
03h	14	17	20
04h	11	13	9
05h	43	51	69
06h	38	46	76
07h	61	132	186
08h	75	135	180
09h	38	88	115
10h	28	36	55
11h	12	12	14
12h	18	27	30
13h	18	19	29
14h	17	15	18
15h	19	36	48
16h	32	47	10
17h	42	65	92
18h	57	66	151
19h	44	55	90
20h	114	145	257
21h	35	58	68
22h	11	12	13
23h	13	9	15
24h	10	9	7

这样看起来很不直观，某同学编写程序把上述数据以下图方式显示出来，以便观察与分析。

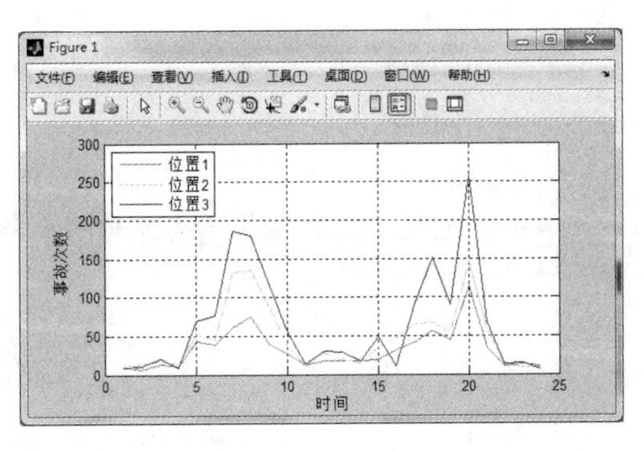

试写出该同学的程序并根据图表进行分析，之后对交警部门提出合理化建议。

3. 谈谈你学习这门课程的体会，并就教学过程提出建议。

训练2 MATLAB程序设计试卷2

一、单选题（本题共10小题，每小题2分，共20分）

得分	

1. 在MATLAB中，查看工作空间全部变量详细信息的指令是______。
   A）cls　　B）who　　C）whos　　D）disp
2. 在MATLAB中，求矩阵逆的指令是______。
   A）inv　　B）diag　　C）det　　D）eig
3. 已知a=2；$b=\begin{bmatrix}1 & -2\\0 & 10\end{bmatrix}$；$c=\begin{bmatrix}1 & -1\\0 & 2\end{bmatrix}$；$d=\begin{bmatrix}-2 & 1 & 2\\0 & 1 & 0\end{bmatrix}$，则下面表达式中错误的是_______。
   A）a + c　　B）b .*d　　C）b . / c　　D）～(a>b)
4. 在MATLAB命令窗口中输入语句：
   ```
   >> teacher =struct('name',{'John','smith'},'age',{25,30});
   ```
   若进行下列操作
   ```
   >> fieldnames(teacher)
   ```
   其结果为______。
   A）ans=
   'name'
   'age'
   B）ans=
   name
   age
   C）ans=
   name: 'john'
   age:25
   D）ans=
   name: 'john'
   age:30
5. 在MATLAB绘图操作中，下面______命令的功能是显示坐标轴。
   A）grid on　　B）legend on　　C）box on　　D）axis on
6. 下列程序段中，错误的语句是______。
   ```
   [1]  clear all;
   [2]  r=1:20;tha=(0:72)*pi/36;
   [3]  X=r'*cos(tha);Y=r'*sin(tha);
   [4]  Z=X*Y;
   [5]  surf(X,Y,Z);
   [6]  title('马鞍面 Z=XY 图形');
   ```
   A）第1句　　B）第2句　　C）第3句　　D）第4句
7. 下列关于MATLAB说法中，错误的是______。
   A）矩阵在MATLAB中是按先列后行的方式存储的
   B）在MATLAB中用系统预定义的特殊变量eps表示浮点数的精度
   C）在MATLAB中用%符号表示其后为程序注释
   D）MATLAB所有主包文件与各工具箱文件都是可读但不可改的源文件
8. 在循环结构中，用于提前结束本次循环，然后继续执行下次循环的命令为________。
   A）exit　　B）break　　C）continue　　D）return
9. 若已安装MATLAB笔记本，则正确的启动方法是______。
   A）notebook –setup　　B）setup - notebook

C）notebook -install　　　　D）notebook

10．在命令窗口中键入______，会得到一个空白的图形窗口。

A）clear　　B）figure　　C）clc　　D）image

二、填空题（本题每空 2 分，共 20 分）

得分	

1．若使用命令把新目录加入到 MATLAB 整个路径的末尾可使用____【1】____。

2．建立与矩阵 A 同样大小魔方矩阵的命令为____【2】____。

3．设有矩阵 $X=\begin{bmatrix}1 & 2 & 3\\5 & 6 & 8\\9 & 7 & 4\end{bmatrix}$

则 X(2,1)=____【3】____，X(2,:) = ____【4】____。

若经过操作 X(3)=3 之后，X= ____【5】____。

4．设有矩阵 $A=\begin{bmatrix}1 & 8 & 4\\9 & 6 & 2\\8 & 5 & 7\end{bmatrix}$

则 max (A)= ____【6】____

sum(A,2) =____【7】____

prod(A) = ____【8】____

5．MATLAB 中可以通过____【9】____和____【10】____函数确定调用时实际传递的输入和输出参数个数，结合条件分支语句，就可以处理函数调用中指定不同数目的输入输出参数的情况。

三、阅读理解题（每小题 3 分，共 12 分）

得分	

1．下列 MATLAB 语句执行后的结果是__________。

```
>>B=[2   3   7   5];
>>poly2str(B,'x')
```

2．执行以下代码后，MATLAB 命令窗口上显示的值是__________。

```
p=3:9;
n=find(mod(p,4)==0);
p(n)=[];
p
```

3．当 n=5 时，下面函数的执行结果是__________。

```
function m = FI(n)
   if n==0|n==1
        m=1;
   else
        m=FI(n-1)+FI(n-2);
   end
end
```

4．下面代码实现的功能是＿＿＿＿＿＿＿。

```
[x,y]=dsolve('Dx=y+x,Dy=2*x')
```

四、计算题（第1题12分，第2、3题各3分，共18分）

得分	

（注意：只需写出指令，不必给出具体结果）

1．已知$f(x)=3x^2-2x+1$。

1）求$f(x)$的一阶导数；

2）求f(x)的不定积分；

3）求f(x)=0的解；

4）求f(x)在x=2点的值。

2．将多项式$1+3x+5x^2-2x^3$表示成 $x+1$的幂的多项式。

3．机床加工时，待加工零件的外形根据工艺要求由一组数据(x, y)给出（在平面情况下），用程控铣床加工时每一刀只能沿x方向和y方向走非常小的一步，这就需要从已知数据得到加工所要求的步长很小的(x, y)坐标。下表中给出了x, y位于机翼断面的下轮廓线上的数据：

x	0	3	5	7	9	11	12	13	14	15
y	0	1.2	1.7	2.0	2.1	2.0	1.8	1.2	1.0	1.6

假设需要得到x坐标每改变0.1时的y坐标。试编写程序用三次样条插值方法计算加工所需数据并画出曲线。

五、思维拓展题（每题10分，共30分）

得分	

1．我们知道MATLAB是基于矩阵运算的科学计算软件，即便是一个常数，也会被视为1行1列的矩阵，目的是为了在处理数据量巨大的问题时，提高速度。比如：

计算：$\sum_{i=1}^{100}\frac{1}{2i-1}$

```
%第一个用循环语句来实现
y=0;
n=100;
disp('第一次用时：');
tic
for i=1:n
    y=y+1/(2*i-1);
end
toc
y

%第二个用矩阵运算来实现
y=0;
n=100;
disp('第二次用时：');
```

```
tic
i=1:2:2*n-1;
y=sum(1./i);
toc
y

% 第一次用时：
% Elapsed time is 0.002137 seconds.
% y =
%        3.2843
% 第二次用时：
% Elapsed time is 0.000038 seconds.
% y =
%        3.2843
```

因此，在能使用矩阵运算处理问题时，总是设法减少循环语句的使用。现有这样的一个问题，请尽量使用效率较高的算法解决：构造一个 10000×5 的 Hilbert 矩阵，已知该矩阵的第 i 行 j 列的元素为 $h_{ij}=\frac{1}{i+j-1}$。

2．一题多解能够帮助我们找出问题的最佳解决方案。试在 MATLAB 中尝试用多种方法求下列线性方程组的解（只要写出程序即可）。

$$\begin{cases}2x_1+x_2-x_3=6\\3x_1-2x_2+x_3=5\\5x_1-3x_2-x_3=16\end{cases}$$

3．简述 Simulink 模型基本构成及其仿真的一般过程。

训练 3 MATLAB 程序设计试卷 3

一、单选题（本题共 15 小题，每小题 2 分，共 30 分）

得分	

1．清空 MATLAB 工作空间内所有变量的指令是______。

A）close　　B）clc　　C）clear　　D）clf

2．下列选项**不是** MATLAB 语言预定义变量的是______。

A）π　　B）NaN　　C）eps　　D）nargin

3．以下是 MATLAB 合法变量名的是______。

A）sx-16　　B）sx_16　　C）_sx16　　D）end

4．有矩阵 $A=\begin{bmatrix}1 & 2 & 3\\4 & 5 & 6\\7 & 8 & 9\end{bmatrix}$，在 MATLAB 中输入 A，以下选项中正确的是______。

A）A=(1,2,3;4,5,6;7,8 9);　　B）A=(1 2 3;4 5 6;7 8 9)

C）A=[1,2,3;4,5,6;7 8 9];　　D）A=[1;2;3,4;5;6,7;8;9]

5．已知 a = 1:2:7，b = 3:6，则在下面的运算表达式中，**错误**的是______。

A）a+b　　B）a-b　　C）a.*b　　D）a*b

6．产生四维单位矩阵的语句为______。

A）ones(4,4)　　B）zeros(4,4)　　C）rand(4,4)　　D）eye(4)

7．对于矩阵 B，统计其中大于 A 的元素个数，可以使用的语句是______。

A）length(B) - length(find(B<=A))　　B）sum(sum(B>A))

C）length(sum(B>A))　　D）sum(length(B>A))

8．下列关于 MATLAB 说法中，正确的是______。

A）矩阵在 MATLAB 中是按先行后列的方式存储的

B）若直接指定变量，则系统不再提供 ans 变量

C）变量名中的英文字母大小写是等价的

D）数据文件以.dat 作为扩展名

9．MATLAB 命令 a=[65 72 85 93 87 79 62 73 66 75 70];find(a>=70 & a<80)得到的结果为______。

A）[72 79 73 75]　　B）[72 79 73 75 70]

C）[2 6 8 10 11]　　D）[0 1 0 0 0 1 0 1 0 1 1]

10．设 A=[2 4 3; 5 3 1; 3 6 7]，则 sum(A)，length(A)和 size(A)的结果______。

A）[10 13 11]　9　[3 3]　　B）[9 9 16]　3　[3 3]

C）[9 9 16]　9　[3 3]　　D）[10 13 11]　3　[3 3]

11．下列程序段中，错误的语句行号是______。

```
[1]  clear all;
```

```
[2]  x=-4:0.1:4;
[3]  [X,Y]=meshgrid(x);
[4]  Z=X^2/9+Y^2/9;
[5]  mesh(X,Y,Z);
[6]  title('椭圆抛物面网线图');
```

A）[1]　　B）[2]　　C）[3]　　D）[4]

12．在 MATLAB 中，获取当前图形窗口句柄的函数是______。

A）gcbf　　B）gca　　C）gco　　D）gcf

13．在循环结构中跳出循环，执行循环后面代码的命令为________。

A）break　　B）return　　C）exit　　D）continue

14．下列关于脚本文件和函数文件的描述中不正确的是______。

A）函数文件可以在命令窗口中直接运行

B）函数文件中的第一行必须以 function 开始

C）去掉函数文件第一行的定义行可转变成脚本文件

D）脚本文件可以调用函数文件

15．下列选项可以作为 MATLAB 中 fopen 函数参数的是______。

A）%f　　B）%s　　C）\n　　D）rt

得分	

二、阅读理解题（每小题 4 分，共 20 分）

1．以下代码执行后，B、C、D、E 的值分别是__________。

$$A=\begin{bmatrix}1 & 3 & 4\\ 9 & 6 & 7\\ 8 & 5 & 2\end{bmatrix}$$

```
B= A(2,end:-1:1)
C= [A;[2,4,6]]
D=A(:)'
E=A([1 3 7])
```

2．执行以下代码后，MATLAB 命令窗口上显示的 array 的值是__________。

```
for k=1:10
    if k>6
      break;
    else
      array(k) = k;
    end
end
```

3．下列 M 文件的执行结果是__________。

```
s=0;
a=[2,3,4;5,6,1;8,9,7];
for k=a
    s=s+k;
end
disp(s');
```

4．语句 dsolve('D2x+x=2','x(0)=1','Dx(0)=1') 对应的数学表达式是__________。

5．数学表达式 $\lim_{x\to\infty}(\frac{x+a}{x-a})^x$ 对应的 MATLAB 语句是__________。

三、写出下列问题的 MATLAB 语句（每题 4 分，共 24 分）

得分	

1．已知复数 Z=3-7i，求 Z 的实部、虚部、模、共轭复数和幅角。

2．已知 $f(x)=3x^5-2x^3+x-1$，求：

（1）$f(x)$的全部根；

（2）$f(-1)$的值；

（3）$f(x)$的一阶导数。

3．已知线性方程组：

$$\begin{cases}2x_1+x_2-x_3=6\\3x_1-2x_2+x_3=5\\5x_1-3x_2-x_3=16\end{cases}$$

求：

（1）系数矩阵的秩；

（2）系数矩阵对应的行列式值；

（3）方程组的解。

4．炼钢基本上是一个氧化脱碳的过程，钢液中原含碳量多少直接影响到冶炼时间的长短。某平炉熔钢完毕碳（x）与精炼时间（y）的生产记录如下表所示：

x(0.01%)	134	150	180	104	180	163	200
y (min)	125	168	200	100	215	175	220

希望从上表的数据中找出 x 与 y 变化规律的经验公式，试用多项式进行曲线拟合，并绘出相应的曲线。

5．将一个完整的图形窗口分成 2 行 2 列的子窗口，然后在区间[0,2π]内将正弦函数曲线分别以条形图、阶梯图、杆图和填充图形式分别画在 2 行 2 列的子窗口中，结果如下图所示。

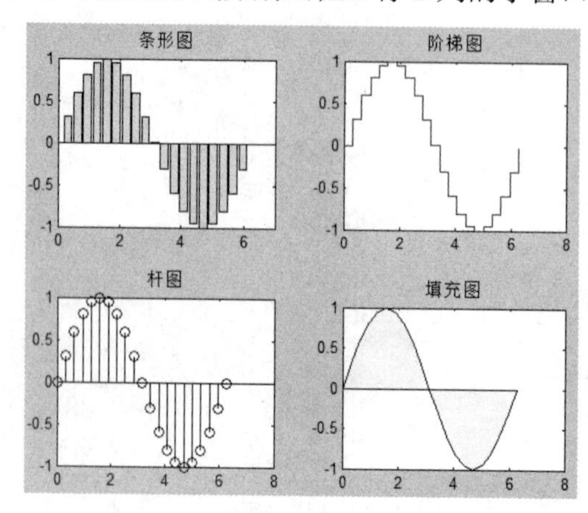

6．将 lnx 在 x=1 处按 5 次多项式展开为泰勒级数。

四、程序设计题（共 11 分）

得分

1．已知 Fibonacci 数列定义为：

$$f(n)=\begin{cases}1 & n\leqslant 2\\ f(n-1)+f(n-2) & n>2\end{cases}$$

编写一个计算 Fibonacci 数列中第 n 项值的函数 fib。

2．指出下面 GUI 界面所用的控件名称。

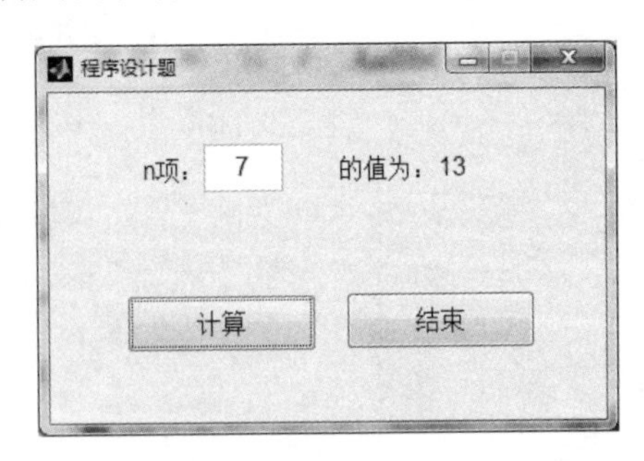

3．补充上述界面中“计算”按钮 pushbutton1_Callback 函数的事件过程，以便调用第 1 题中的 fib 函数计算 edit1 控件输入项的值，并在 text3 控件中显示。

```
function pushbutton1_Callback(hObject, eventdata, handles)
% hObject      handle to pushbutton1 (see GCBO)
% eventdata    reserved - to be defined in a future version of MATLAB
% handles      structure with handles and user data (see GUIDATA)

% --- Executes on button press in pushbutton2.
function pushbutton2_Callback(hObject, eventdata, handles)
% hObject      handle to pushbutton2 (see GCBO)
% eventdata    reserved - to be defined in a future version of MATLAB
% handles      structure with handles and user data (see GUIDATA)
close(gcf);
```

五、综合应用题（共 10 分）

得分

若有如下 Simulink 模型及其对应的仿真结果，回答下列问题：

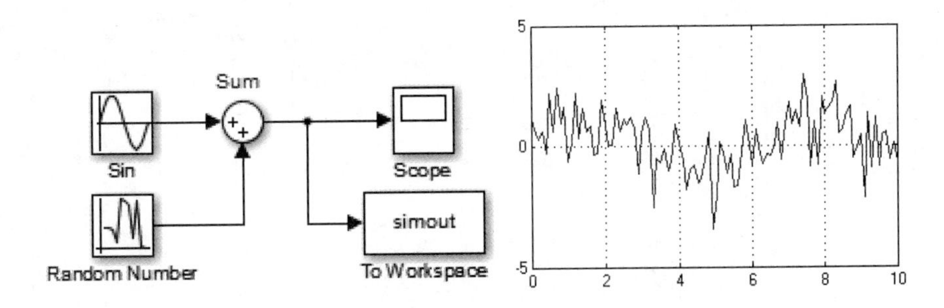

1）Simulink 模型的基本构成；
2）仿真系统中各模块的名称；
3）解释该仿真系统功能。

六、问答题（共 5 分）

得分	

谈谈学习该门课的收获与体会。

附录1　实验报告模板

____________学院上机实验报告

《____________》课程_____年第__学期实验报告

院系名称：　　　　班级：　　　　实验日期：

姓名：　　　　学号：　　　　指导教师：

实验名称：　　　　实验成绩：

（注意：以下栏目可根据实际需要取舍）

实验目的及要求	本次上机实验所涉及并要求掌握的知识点
实验环境	本次上机实验所使用的平台和相关软件
实验内容	上机实验内容等
实验步骤及算法描述	用流程图等形式表达算法设计思想与实现步骤
调试过程及实验结果	详细记录程序在调试过程中出现的问题、解决方法及程序执行的结果
总结	对上机实验结果进行分析、上机的心得体会及改进意见
附录	源程序清单和测试数据

附录 2　MATLAB 学习网站

http://www.mathworks.com —— MATLAB 官方网站
http://www.matlabfan.com —— MATLAB 爱好者家园
http://www.matlab.org.cn —— MATLAB 广场
http://www.ilovematlab.cn —— 我爱 MATLAB
http://www.labfans.com —— MATLAB 爱好者之家
http://matlab.net.cn —— MATLAB 教程网
http://www.matlabsky.com —— MATLAB 技术论坛
http://www.matlab-download.cn —— MATLAB 免费源码

参考文献

[1] 刘卫国．MATLAB 程序设计教程（第二版）．北京：中国水利水电出版社，2010．
[2] 曾建军等．MATLAB 语言与数学建模．合肥：安徽大学出版社，2005．
[3] 王沫然．MATLAB6.0 与科学计算．北京：电子工业出版社，2001．
[4] 罗建军．MATLAB 教程．北京：电子工业出版社，2005．
[5] 周开利，邓春晖．MATLAB 基础及其应用教程．北京：北京大学出版社，2007．